Helmut Schwarz

Optimale Regelung und Filterung

REIHE WISSENSCHAFT

Die REIHE WISSENSCHAFT ist die wissenschaftliche Handbibliothek des Naturwissenschaftlers und Ingenieurs und des Studenten der mathematischen, naturwissenschaftlichen und technischen Fächer. Sie informiert in zusammenfassenden Darstellungen über den aktuellen Forschungsstand in den exakten Wissenschaften und erschließt dem Spezialisten den Zugang zu den Nachbardisziplinen.

Helmut Schwarz

Optimale Regelung und Filterung

Zeitdiskrete Regelungssysteme

Mit 37 Bildern und 2 Tabellen

Friedr. Vieweg & Sohn Braunschweig/Wiesbaden

Verfasser:
Dr.-Ing. Helmut Schwarz
o. Prof. für Steuer- und Regelungstechnik an der Gesamthochschule Duisburg

CIP-Kurztitelaufnahme der Deutschen Bibliothek

Schwarz, Helmut:
Zeitdiskrete Regelungssysteme / Helmut Schwarz.
– Braunschweig, Wiesbaden: Vieweg.
(Reihe Wissenschaft)

– Schwarz, Helmut: Optimale Regelung und Filterung

Schwarz, Helmut:
Optimale Regelung und Filterung/Helmut Schwarz.
– Braunschweig, Wiesbaden: Vieweg, 1981.
(Zeitdiskrete Regelungssysteme/Helmut Schwarz)
(Reihe Wissenschaft)
ISBN 978-3-528-03071-1 ISBN 978-3-322-88822-8 (eBook)
DOI 10.1007/978-3-322-88822-8

1981

Softcover reprint of the hardcover 1st edition 1981

ISBN 978-3-528-03071-1

Vorwort

Der nun vorgelegte Band „Optimale Regelung und Filterung" schließt unmittelbar an den Einführungsband „Zeitdiskrete Regelungssysteme" an. Es werden einige weiterführende Probleme und Lösungsverfahren behandelt, die bei der Untersuchung und beim Entwurf zeitdiskreter dynamischer Systeme – und hierbei insbesondere Regelungssysteme – von einiger Bedeutung sind. Die enge Verzahnung mit dem Einführungsband wird zunächst durch die fortführende Abschnittzählung deutlich.

Der Stoff dieses Bandes ist in vier Abschnitte gegliedert, wobei weiterhin eine Gleichgewichtung der System- und Signalbeschreibung mittels Zustands- und Übertragungsmodelle angestrebt wurde. Dabei wird in Abschnitt 6 das Reglerentwurfsverfahren als Optimierungsaufgabe auf der Grundlage eines quadratischen Gütemaßes behandelt. Dies dient einmal der Ergänzung der in Abschnitt 5 der „Einführung" betrachteten Reglersynthese für deterministische Signale. Zum anderen ist es ein Teilsyntheseschritt für den weiter unten dargestellten Reglerentwurf für stochastische Störsignale. Da in jedem Regelkreis eintretende Störsignale unterdrückt – ausgefiltert – werden müssen und jedes dynamische System ein Filter für seine Eingangssignale darstellt, werden im Abschnitt 7 wesentliche Ergebnisse zur Beschreibung zeitdiskreter Filter beschrieben.

In den Abschnitten 8 und 9 wird das Systemverhalten für stochastische zeitdiskrete Signale behandelt. Hier dient der Abschnitt 8 vorwiegend der Einführung, wobei Übertragungsmodelle im Vordergrund stehen, während der Abschnitt 9 die Bedeutung der Optimalfilter und Beobachter für die Regelkreissynthese auf der Grundlage der Zustandsmodelle beschreibt.

Der hier dargestellte Stoff stellt eine zugegebenermaßen sehr begrenzte Auswahl aus der Fülle des umfangreichen Schrifttums dar. Leitfaden bei der Auswahl war, den Studenten der Regelungstechnik und den in der Praxis mit Problemen der Regelung mittels Digitalrechnern befaßten Ingenieuren eine Darstellung zu bieten, die unmittelbaren Bezug zur praktischen Anwendung hat.

Herrn Dipl.-Ing. S. ENGELL danke ich für die Durchsicht des Manuskriptes und Herrn Dipl.-Ing. W. BACHMANN für die Hilfe bei den Korrekturen. Dem Verlag bin ich außerodentlich verbunden für die sorgfältige Herstellung auch dieses Bandes.

Duisburg, im November 1980 HELMUT SCHWARZ

Inhaltsverzeichnis

6. Optimale Regelung linearer Systeme

6.1. Einführung

In Abschnitt 5 des Einführungsbandes waren u. a. Entwurfsverfahren für Regelungssysteme beschrieben worden, bei denen die Regelkreisstruktur schon vorgegeben wurde, und bei denen dann nur noch freie Parameter des Reglers geeignet zu wählen sind. Die Festlegung der Parameter kann nach unterschiedlichen Gesichtspunkten, z. B. Lage der Eigenfrequenzen, Einschwingungsverhalten o. ä., erfolgen. Wird als Reglerkonzept eine Zustandsrückführung gewählt, kann, wie in Abschnitt 3.6. und 3.7. gezeigt wurde, jede beliebige Pollage für das geschlossene Regelungssystem erreicht werden. Es zeigt sich aber auch, daß die auftretenden Stellgrößenamplituden um so größer werden, je weiter die Pole des geschlossenen Regelkreises in die linke s-Halbebene verschoben werden. Dadurch wird die theoretische Möglichkeit der beliebigen Polverschiebung durch praktische Gesichtspunkte, die Stellgrößen betreffend, beschränkt. Es ergibt sich daher das Problem, einen geeigneten Kompromiß zwischen den anzustrebenden Grenzfrequenzen eines Systems und dem notwendigen Stellaufwand zu finden, wodurch in natürlicher Weise auch ein Optimierungsproblem aufgeworfen wird.

Hierdurch motiviert werden in den folgenden Abschnitten nun Entwurfsverfahren behandelt, bei denen nicht die Regelkreisstruktur, sondern zunächst geeignet zu wählende Entwurfskriterien definiert werden. Diese Entwurfsverfahren liefern nicht nur die Reglerparameter, sondern auch die Struktur des Reglers. Sie sind vor allem für den rechnergestützten Entwurf geeignet, da die Synthese wesentlich formaler verläuft als bei den klassischen Verfahren, wo sie weitgehend empirisch, unter Verwendung von Erfahrungen, z. B. über günstige Einstellzeiten, Überschwingweiten und Bandbreiten des Übertragungssystems, verläuft. Die vielfach in der Literatur auch als „modern" bezeichneten Methoden umfassen vor allem die Optimierungsverfahren, bei denen die Regelungsstrategie durch die Extremierung eines Kosten- oder Gütefunktionals

$$J = J(\boldsymbol{u}(k), \boldsymbol{x}(k), k) \qquad (6.1)$$

gewonnen wird.

Es muß aber hier schon einschränkend darauf hingewiesen werden, daß die im folgenden behandelten mehr formalen Methoden der optimalen Auslegung von Regelungssystemen auf der Basis eines Gütefunktionals die Ingenieurerfahrung nicht ersetzen können. Vielmehr muß diese Erfahrung auf einer anderen Ebene der Auslegungsstrategie bei der Wahl des einer gegebenen praktischen Aufgabe angepaßten Gütekriteriums einfließen. Ergebnis dieser Zielfunktionalextremierung ist zunächst eine Stellgrößenfolge, die dann wiederum vielfach auf eine Zustandsrückkopplung zurückgeführt werden kann (Bild 6.1a). Da der Systemzustand $\boldsymbol{x}(k)$ normalerweise

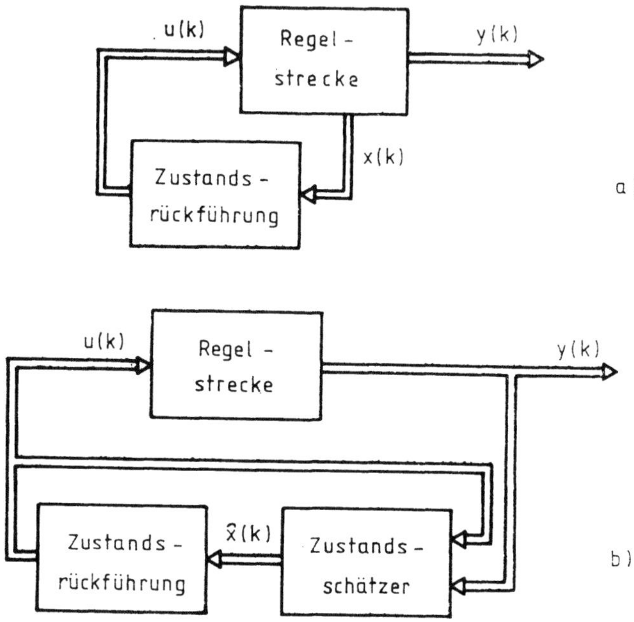

Bild 6.1. Regelkreis
a) mit Zustandsrückführung, b) mit vorgeschaltetem Zustandsschätzer

nicht direkt meßbar ist, muß dann für die praktische Anwendung der Regelalgorithmen in einem zweiten Entwurfschritt der Zustand aus den meßbaren Ausgangssignalen der Regelstrecke und den vorliegenden Stellgrößen über Beobachter rekonstruiert bzw. über Filter geschätzt werden (Bild 6.1b). Der Problemkreis der Beobachter und Filter wird weiter unten in Abschnitt 9 behandelt.

Wir werden in dieser Darstellung nur lineare Systeme und dann vor allem in der Form der Zustandsmodelle

$$\boldsymbol{x}(k+1) = \boldsymbol{A}(k)\,\boldsymbol{x}(k) + \boldsymbol{B}(k)\,\boldsymbol{u}(k); \quad \boldsymbol{x}_0 = \boldsymbol{x}(k_0) \tag{6.2}$$

behandeln. Dabei wird als erstes der für eine Reihe von praktischen Problemen wichtige Fall behandelt, bei dem ein System, ausgehend von der

Anfangsauslenkung $\boldsymbol{x}_0$ in die Ruhelage $\boldsymbol{x}_e$ – hierbei vorwiegend der Nullzustand $\boldsymbol{x}_e = \boldsymbol{0}$ – zum Endzeitpunkt k_e übergeführt werden soll.

Es existieren sicherlich beliebig viele Kriterien der Form (6.1), deren Extremierung eine Stellgrößenfolge bewirkt, die das System (6.2) in gewünschter Zeit von dem Anfangspunkt $\boldsymbol{x}_0$ in den Nullzustand führt. Besonders nützlich sind aber Kriterien der Form

$$J(\boldsymbol{u}, \boldsymbol{x}, k) = \sum_{k=k_0}^{k_e} \{\boldsymbol{x}^T(k)\, \underset{\sim}{\boldsymbol{Q}}(k)\, \boldsymbol{x}(k) + \boldsymbol{u}^T(k)\, \boldsymbol{R}(k)\, \boldsymbol{u}(k)\}\ , \tag{6.3}$$

wobei mit k das diskrete Zeitargument und mit $k = k_e$ der Endzeitpunkt eines Intervalls $k_0 \leqq k \leqq k_e$ bezeichnet werden.

Die praktische Bedeutung beruht darauf, daß einmal eine physikalische Interpretation möglich ist, in dem die Teilausdrücke in (6.3) so gedeutet werden, als bewerteten sie die in dem System verarbeitete Energie. Zum anderen zeigt es sich, daß bei der Extremierung von Ausdrücken der Form (6.3) für viele praktische Anwendungsfälle geschlossene Lösungen für die Berechnungen der optimalen Stellgrößen, und damit dann häufig auch der Regler, gefunden werden können. Ist insbesondere die Regelstrecke durch ein lineares Modell beschreibbar, dann liefern Gütefunktionale der Form (6.3) ein lineares Regelungsgesetz. Diese Probleme haben den Vorzug, daß die mittels moderner Synthesemethoden gefundenen Lösungen in einfacher Weise mit den durch klassische regelungstechnische Verfahren gefundenen Ergebnissen verglichen bzw. interpretiert werden können. Die vorliegenden Ausführungen werden sich ausschließlich mit dem Problemkreis der optimalen linearen Regelung eines Systems, d. h. des Entwurfs eines linearen Reglers zu einer linearen Regelstrecke durch Extremierung einer quadratischen Zielfunktion der Form (6.3), beschäftigen.

6.2. Lineare quadratisch optimale Regelung

Die uns im folgenden interessierenden linearen zeitdiskreten Systeme, die im allgemeinen auch zeitvariabel sein können, werden in der Form des Zustandsmodells gemäß Abschnitt 2.2 beschrieben

$$\begin{aligned} &\boldsymbol{x}\,(k+1) = \boldsymbol{A}(k)\,\boldsymbol{x}(k) + \boldsymbol{B}(k)\,\boldsymbol{u}(k); \quad && \boldsymbol{x}_0 = \boldsymbol{x}(k_0), \\ &\boldsymbol{y}(k) = \boldsymbol{C}(k)\,\boldsymbol{x}(k), && k = k_0,\, k_0+1,\, k_0+2, \ldots \end{aligned} \tag{6.4}$$

Dabei wird vorausgesetzt, daß diese Systeme vollständig steuerbar und beobachtbar seien (Abschnitt 2.4). Das Ziel besteht darin, eine Steuerfolge $\boldsymbol{u}(k)$ derart zu finden, daß das System, beginnend von dem Anfangszustand $\boldsymbol{x}_0$, in optimaler Weise einen gewünschten Endzustand $\boldsymbol{x}_e = \boldsymbol{x}(k_e)$ einnimmt, der hier durchweg ohne Einbuße an Allgemeingültigkeit auf $\boldsymbol{x}_e = \mathbf{0}$ normiert werden wird. Bei vielen praktischen Aufgaben interessiert dabei weniger der Systemzustand $\boldsymbol{x}(k)$ als der Systemausgang, die Regelgröße $\boldsymbol{y}(k)$. Es kann dann in einfacher Weise ein quadratisches Kriterium der Form (6.2) auch für die Ausgangsvariable $\boldsymbol{y}(k)$ angegeben werden:

$$\sum_{k=k_0}^{k_e} \boldsymbol{y}^T(k)\, \boldsymbol{Q}_1(k)\, \boldsymbol{y}(k) = \sum_{k=k_0}^{k_e} \boldsymbol{x}^T(k)\, \boldsymbol{Q}(k)\, \boldsymbol{x}(k)\,. \tag{6.5}$$

Wird berücksichtigt, daß die Regelgröße $\boldsymbol{y}(k)$ eine Linearkombination des Systemzustandes (6.4) ist

$$\boldsymbol{y}(k) = \boldsymbol{C}\boldsymbol{x}(k)\,,$$

erhält man aus (6.5) die Identität:

$$\boldsymbol{Q}(k) = \boldsymbol{C}^T(k)\, \boldsymbol{Q}_1(k)\, \boldsymbol{C}(k)\,. \tag{6.6}$$

Die Bewegung des Systems (6.4) und die Steuerfolge $\boldsymbol{u}(k)$ sollen im weiteren durch das folgende Gütefunktional gewichtet werden

$$J(\boldsymbol{x}, \boldsymbol{u}, k) = \boldsymbol{x}_e^T \boldsymbol{P} \boldsymbol{x}_e + \sum_{k=k_0}^{k_e-1} \{\boldsymbol{y}^T(k+1)\, \boldsymbol{Q}_1(k+1)\, \boldsymbol{y}(k+1)$$
$$+ \boldsymbol{u}^T(k)\, \boldsymbol{R}(k)\, \boldsymbol{u}(k)\}\,, \tag{6.7}$$

das an der Stelle des Optimums ein Minimum einnehmen soll

$$J(\boldsymbol{x}, \boldsymbol{u}, k) \overset{!}{=} \text{Min.} \tag{6.8}$$

Das Gütefunktional (6.7) ist eine quadratische Form, bei der der erste Summand die Abweichung von dem gewünschten Endzustand $\boldsymbol{x} = \mathbf{0}$ bewertet. Der zweite und der dritte Summand gewichten die Regelgröße $\boldsymbol{y}(k)$ bzw. die Steuerfolge während des Überganges des Zustandes von $\boldsymbol{x}_0$ zu $\boldsymbol{x}_e$. Diese beiden Summanden haben eine um 1 verschiedene Zeitindizierung aus diesem Grund: Der Anfangszustand $\boldsymbol{x}_0$ und damit über (6.4)

$$\boldsymbol{y}_0 = \boldsymbol{y}(k_0) = \boldsymbol{C}(k_0)\, \boldsymbol{x}_0$$

ist gegeben und kann durch die Steuersignale nicht mehr beeinflußt werden und wird deshalb im Gütekriterium nicht mit aufgenommen. Zum anderen würde die Steuerung $\boldsymbol{u}(k_e)$ den Systemzustand erst zum Zeitpunkt $k_e + 1$, also um einen Zeitschritt später als dem gewünschten Endzeitpunkt, beeinflussen, weshalb auch dieser Wert $\boldsymbol{u}(k_e)$ nicht mehr in dem Gütefunktional aufgenommen ist. Es wird hier und in den folgenden Abschnitten zunächst angenommen, daß die Regelgröße $\boldsymbol{y}(k)$ ungestört als meßbare Größe zur Verfügung steht, eine Beschränkung, die in Abschnitt 9 fallen gelassen wird.

Ferner wird vorausgesetzt, daß das System nicht durch äußere Störsignale gestört wird.

Damit kann das Problem wie folgt gekennzeichnet werden:

Definition 6.1:

Das Problem, eine Steuerfolge $\boldsymbol{u}(k)$ für das System (6.4) derart zu finden, daß das Kriterium (6.7) für $\boldsymbol{P} \geqq 0$; $\boldsymbol{Q} > 0$ und $\boldsymbol{R} > 0$ ein Minimum annimmt, heißt das zeitdiskrete lineare deterministische Optimalreglerproblem.

Aus Gründen, die bei der Problemlösung noch deutlich werden, müssen die Formmatrizen $\boldsymbol{Q}$ und $\boldsymbol{R}$ positiv definit sein, was darüberhinaus auch aus physikalischen Gründen eine sinnvolle Forderung ist, wenn über $\boldsymbol{Q}$ und $\boldsymbol{R}$ die im System verarbeitete Energie gewichtet gedacht wird. Weiter unten wird sich zeigen, daß auch für den hier behandelten Fall der Bewertung der Regelgröße $\boldsymbol{y}(k)$ in (6.7) die Lösung des Optimalreglerproblems auf eine Zustandsrückführung führt.

Während bei der optimalen Regelung kontinuierlicher Systeme üblicherweise die Variationsrechnung zur Lösung herangezogen wird (z. B. [KS, SW 1]), bietet sich zur Lösung des Problems des zeitdiskreten Optimalreglers das BELLMANsche Verfahren der dynamischen Programmierung an [BE]. Zur Bestimmung der gesuchten optimalen Steuerfolge $\boldsymbol{u}^0(k)$ und der daraus resultierenden optimalen Systemtrajektorie $\boldsymbol{x}^0(k)$ wird das Optimalitätsprinzip von BELLMAN herangezogen:

Satz 6.1 (BELLMAN):

Eine optimale Steuerung $\boldsymbol{u}^0(t)$ erzeuge eine optimale Trajektorie des Zustandes $\boldsymbol{x}^0(t)$, die $\boldsymbol{x}(t_0)$ mit $\boldsymbol{x}(t_e)$ verbindet. Dann ist auch jede Reststeuerung $\boldsymbol{u}(t)$ optimal, die eine Trajektorie $\boldsymbol{x}(t)$ erzeugt, die $\boldsymbol{x}(t_1)$ für $t_0 < t_1 < t_e$ mit $\boldsymbol{x}(t_e)$ verbindet, wenn $\boldsymbol{x}(t_1)$ auf der Trajektorie liegt, die durch die ursprüngliche Steuerung $\boldsymbol{u}^0(t)$ bewirkt wurde.

Dieser Satz, der durch Bild 6.2 verdeutlicht wird, kann wie folgt bewiesen werden:

Es wird ein System mit der Steuerung $\boldsymbol{u}(t)$ und dem Zustand $\boldsymbol{x}(t)$ über ein Zeitintervall $[t_0, t_e]$ betrachtet. Sowohl $\boldsymbol{u}(t)$ als auch $\boldsymbol{x}(t)$ mögen beschränkenden Nebenbedingungen unterworfen sein. Die Zeitpunkte t_0 und t_e seien fest oder frei, ferner möge t ein diskreter oder kontinuierlicher Zeitindex über $[t_0, t_e]$ sein. Mit J wird ein Gütemaß bezeichnet, das durch eine Steuerung $\boldsymbol{u}(t)$ über $[t_0, t_e]$ optimiert (maximiert oder minimiert) werden soll. Nun existiere zumindest eine Steuerung $\boldsymbol{u}(t)$, die allen Nebenbedingungen genügt und J optimiert. Diese optimale Steuerung wird mit $\boldsymbol{u}^0(t)$ und der zugehörige Wert des Gütemaßes mit J^0 bezeichnet. Dann sei angenommen, daß über ein Zeitintervall $[t_1, t_e]$ mit $t_1 > t_0$ eine Steuerung $\boldsymbol{u}^*(t)$ gefunden werden kann,

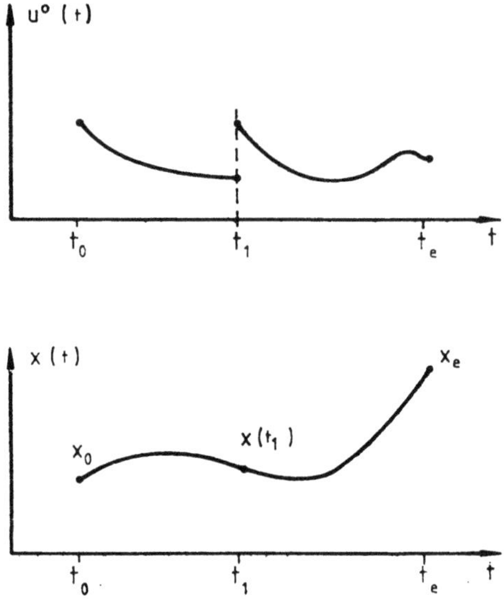

Bild 6.2. Zur Verdeutlichung des BELLMANschen Optimalitätsprinzips

für die das zugehörige J^* kleiner als das sei, das für $\boldsymbol{u}^0(t)$ über das gleiche Intervall $[t_1, t_e]$ erreicht würde, wenn vom gleichen Anfangszustand ausgegangen wird. Das aber bedeutet, daß die Steuerung $\boldsymbol{u}^{**}(t)$

$$\boldsymbol{u}^{**}(t) = \begin{cases} \boldsymbol{u}^0(t) & t \in [t_0, t_1), \\ \boldsymbol{u}(t) & t \in [t_1, t_e] \end{cases} \tag{6.9}$$

ein Gütemaß $J^{**} < J^0$ über $[t_0, t_e]$ bewirkt. Da jedoch $\boldsymbol{u}^0(t)$ als eine optimale Steuerung für das System vorausgesetzt wurde, kann diese Steuerung nicht verbessert werden. Dieser Widerspruch beweist den Satz.

Das BELLMANsche Optimalitätsprinzip ist vor allem für zeitdiskrete Systeme ein sehr wirksames Werkzeug, da es mit seiner Hilfe gelingt, einen N-stufigen Entscheidungsprozeß in N einstufige Entscheidungsprozesse umzuwandeln, die nacheinander berechnet werden können und damit zu einem rekursiven Algorithmus führen.

Wir kehren nun zu dem Optimierungsproblem nach Def. 6.1 zurück und führen als erstes eine skalare Funktion

$$V(\boldsymbol{x}(k), k) = \begin{cases} \min\limits_{\boldsymbol{u}(k)\ldots\boldsymbol{u}(k_e-1)} \left\{ \sum\limits_{j=k}^{k_e-1} [\boldsymbol{x}^T(j+1)\, \boldsymbol{Q}(j+1)\, \boldsymbol{x}(j+1) + \boldsymbol{u}^T(j)\, \boldsymbol{R}(j)\, \boldsymbol{u}(j) + \boldsymbol{x}^T(k_e)\, \boldsymbol{P}\boldsymbol{x}(k_e)] \right\} \\ \qquad \text{für} \quad k = k_0, k_0+1, \ldots, k_e-1, \\ \boldsymbol{x}^T(k_e)\, \boldsymbol{P}\boldsymbol{x}(k_e) \quad \text{für} \quad k = k_e \end{cases} \tag{6.10}$$

ein, die den minimalen Wert des Gütekriteriums über das Intervall k, $k+1, \ldots, k_e$ darstellt, wenn zum k-ten Zeitpunkt das System den Zustand $\boldsymbol{x}(k)$ hat.

Es wird nun eine iterative Beziehung für diese Funktion abgeleitet, wozu der Zeitpunkt $k-1$ betrachtet wird. Wenn die Steuerung $\boldsymbol{u}(k-1)$ beliebig gewählt wird, aber $\boldsymbol{u}(k)$, $\boldsymbol{u}(k+1), \ldots$ in Bezug auf den Zustand $\boldsymbol{x}$ zum Zeitpunkt k optimal seien, kann für das Kriterium (6.4) über den Zeitraum $k-1, k, k+1, \ldots, k_e$ geschrieben werden:

$$\begin{aligned} J(\boldsymbol{x}, \boldsymbol{u}) &= \boldsymbol{x}^T(k_e)\,\boldsymbol{P}\boldsymbol{x}(k_e) \\ &\quad + \sum_{j=k-1}^{k_e-1} \{\boldsymbol{x}^T(j+1)\,\boldsymbol{Q}(j+1)\,\boldsymbol{x}(j+1) + \boldsymbol{u}^T(j)\,\boldsymbol{R}(j)\,\boldsymbol{u}(j)\} \qquad (6.11) \\ &= \boldsymbol{x}^T(k)\,\boldsymbol{Q}(k)\,\boldsymbol{x}(k) + \boldsymbol{u}^T(k-1)\,\boldsymbol{R}(k-1)\,\boldsymbol{u}(k-1) + V(\boldsymbol{x}(k), k)\,. \end{aligned}$$

Um nun die Steuerung $\boldsymbol{u}^0(k-1)$ – die optimale Steuerung zum Zeitpunkt $k-1$ – zu bestimmen, muß offensichtlich der Ausdruck in der zweiten Zeile von (6.11) minimiert werden. Dieser minimale Wert muß über das Intervall $k-1, k, \ldots k_e-1$ berechnet werden und hat die Form:

$$\begin{aligned} &V(\boldsymbol{x}(k-1), k-1) \\ &= \min_{u(k-1)} \{\boldsymbol{x}^T(k)\,\boldsymbol{Q}(k)\,\boldsymbol{x}(k) + \boldsymbol{u}^T(k-1)\,\boldsymbol{R}(k-1)\,\boldsymbol{u}(k-1) + V(\boldsymbol{x}(k), k)\}\,. \end{aligned} \qquad (6.12)$$

Wird hierin die Systemgleichung (6.4) eingeführt, erhalten wir:

$$\begin{aligned} &V(\boldsymbol{x}(k-1), k-1) \qquad (6.13) \\ &= \min_{u(k-1)} \{[\boldsymbol{A}(k-1)\,\boldsymbol{x}(k-1) + \boldsymbol{B}(k-1)\,\boldsymbol{u}(k-1)]^T \\ &\quad \times \boldsymbol{Q}(k)\,[\boldsymbol{A}(k-1)\,\boldsymbol{x}(k-1) + \boldsymbol{B}(k-1)\,\boldsymbol{u}(k-1)] \\ &\quad + \boldsymbol{u}^T(k-1)\,\boldsymbol{R}(k-1)\,\boldsymbol{u}(k-1) + V(\boldsymbol{x}(k), k)\}\,. \end{aligned}$$

Dies ist eine iterative Beziehung für die Funktion $V(\boldsymbol{x}(k), k)$, die in der Reihenfolge $V(\boldsymbol{x}(k_e, k_e)$, $V(\boldsymbol{x}(k_e-1), k_e-1)$, $V(\boldsymbol{X}(k_e-2), k_e-2), \ldots$ gelöst werden kann, da mit (6.10) die Startgröße der Rekursionsbeziehung $V(\boldsymbol{X}(k_e), k_e) = \boldsymbol{x}^T(k_e)\,\boldsymbol{P}\boldsymbol{x}(k_e)$ gegeben ist. Die Gleichung (6.12) soll nun weiter untersucht werden, wobei versucht wird, $V(\boldsymbol{x}, k)$ in der Form

$$V(\boldsymbol{x}(k), k) = \boldsymbol{x}^T(k)\,\boldsymbol{P}(k)\,\boldsymbol{x}(k) \qquad (6.14)$$

darzustellen, wobei wegen (6.10)

$$\boldsymbol{P}(k_e) = \boldsymbol{P} \qquad (6.15)$$

ist. Es wird nun (6.14) zusammen mit (6.4) in (6.13) eingeführt:

$$
\begin{aligned}
V(\boldsymbol{x}(k-1), k-1) = \min_{\boldsymbol{u}(k-1)} \{&[\boldsymbol{A}(k-1)\,\boldsymbol{x}(k-1) \\
&+\boldsymbol{B}(k-1)\,\boldsymbol{u}(k-1)]\,\boldsymbol{Q}(k)\,[\boldsymbol{A}(k-1)\,\boldsymbol{x}(k-1)+\boldsymbol{B}(k-1)\,\boldsymbol{u}(k-1)] \\
&+\boldsymbol{u}^T(k-1)\,\boldsymbol{R}(k-1)\,\boldsymbol{u}(k-1)+[\boldsymbol{A}(k-1)\,\boldsymbol{x}(k-1) \\
&+\boldsymbol{B}(k-1)\,\boldsymbol{u}(k-1)]^T\,\boldsymbol{P}(k)\,[\boldsymbol{A}(k-1)\,\boldsymbol{x}(k-1)+\boldsymbol{B}(k-1)\,\boldsymbol{u}(k-1)]\}\,.
\end{aligned}
\tag{6.16}
$$

Wird nun als notwendige Bedingung die partielle Ableitung nach $\boldsymbol{u}(k-1)$ gebildet und Null gesetzt, erhält man für die optimale Steuerung zum Zeitpunkt $k-1$

$$
\begin{aligned}
\boldsymbol{u}(k-1) = -\{&\boldsymbol{R}(k-1)+\boldsymbol{B}^T(k-1)\,[\boldsymbol{Q}(k)+\boldsymbol{P}(k)]\,\boldsymbol{B}(k-1)\}^{-1} \\
&\times \boldsymbol{B}^T(k-1)\cdot[\boldsymbol{Q}(k)+\boldsymbol{P}(k)]\,\boldsymbol{A}(k-1)\,\boldsymbol{x}(k-1)\,.
\end{aligned}
\tag{6.17}
$$

Die optimale Steuerung $\boldsymbol{u}(k-1)$ läßt sich also als eine Zustandsrückführung

$$
\boldsymbol{u}(k-1) = -\boldsymbol{K}(k-1)\,\boldsymbol{x}(k-1)
\tag{6.18}
$$

darstellen mit:

$$
\begin{aligned}
\boldsymbol{K}(k-1) = \{&\boldsymbol{R}(k-1)+\boldsymbol{B}^T(k-1)\,[(\boldsymbol{Q}(k)+\boldsymbol{P}(k)]\,\boldsymbol{B}(k-1)\}^{-1} \\
&\times \boldsymbol{B}^T(k-1)\,[\boldsymbol{Q}(k)+\boldsymbol{P}(k)]\,\boldsymbol{A}(k-1)\,,
\end{aligned}
\tag{6.19}
$$

so daß wir für die Lösung des Optimalreglerproblems einen geschlossenen Regelkreis erhalten, bei dem nicht nur die Parameter, sondern auch die Struktur des Reglers Ergebnis der Synthese sind (Bild 6.3).

Die inverse Matrix in (6.17) existiert immer, da in Def. 6.1 die Matrix $\boldsymbol{R}$ als positiv definite Matrix vorausgesetzt wurde, zu der in (6.17) dann nur noch eine nichtnegativ definite Matrix hinzuaddiert wird.

Wird nun (6.18) in (6.16) eingesetzt, erhalten wir unter Benutzung von (6.19) diese Differenzengleichung für $\boldsymbol{P}(k-1)$:

$$
\begin{aligned}
&\boldsymbol{P}(k-1) = \boldsymbol{A}^T(k-1)\,[\boldsymbol{Q}(k)+\boldsymbol{P}(k)]\,[\boldsymbol{A}(k-1)-\boldsymbol{B}(k-1)\,\boldsymbol{K}(k-1)], \\
&k = k_0, k_0+1, \ldots, k_e\,.
\end{aligned}
\tag{6.20}
$$

Damit ist die Aufgabe der Lösung des Optimalreglerproblems gelöst, und wir fassen das Ergebnis zusammen in:

Satz 6.2:

Die optimale Steuerfolge für das lineare Optimalreglerproblem nach Def. 6.1 ist darstellbar als:

$$
\boldsymbol{u}(k) = -\boldsymbol{K}(k)\,\boldsymbol{x}(k), \quad k = k_0, k_0+1, \ldots, k_e-1\,,
\tag{6.21}
$$

mit

$$\boldsymbol{K}(k) = \{\boldsymbol{R}(k) + \boldsymbol{B}^T(k)\,[\boldsymbol{Q}\,(k+1) + \boldsymbol{P}\,(k+1)]\,\boldsymbol{B}(k)\}^{-1}$$
$$\times \boldsymbol{B}^T(k)\,[\boldsymbol{Q}\,(k+1) + \boldsymbol{P}\,(k+1)]\,\boldsymbol{A}(k)\,. \tag{6.22}$$

Die Folge der Matrizen $\boldsymbol{P}(k)$ genügt der Differenzengleichung:

$$\boldsymbol{P}(k) = \boldsymbol{A}^T(k)\,[\boldsymbol{Q}\,(k+1) + \boldsymbol{P}\,(k+1)]\,[\boldsymbol{A}(k) - \boldsymbol{B}(k)\,\boldsymbol{K}(k)],$$
$$k = k_0,\; k_0+1,\; \ldots,\; k_e - 1\;, \tag{6.23}$$

mit der Endbedingung

$$\boldsymbol{P}(k_e) = \boldsymbol{P}\,. \tag{6.24}$$

Das Gütefunktional hat an der Stelle der optimalen Steuerung den Wert:

$$J^0(\boldsymbol{x}, \boldsymbol{u}, k) = \boldsymbol{x}_0^T \boldsymbol{P}(k_0)\,\boldsymbol{x}_0\,. \tag{6.25}$$

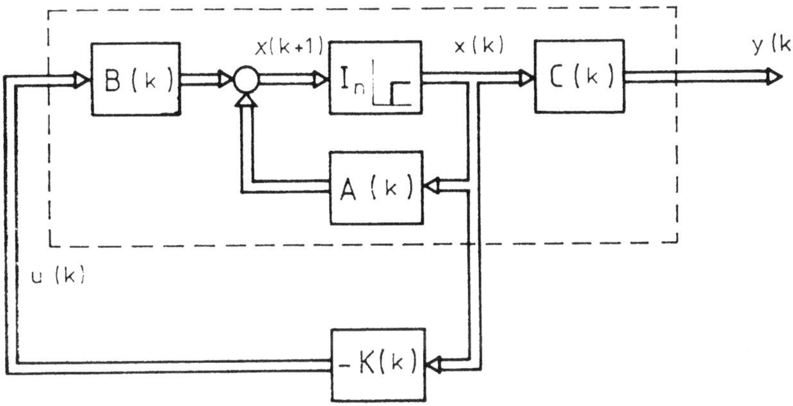

Bild 6.3. Darstellung der Lösung des linearen Optimalreglerproblems

Die Differenzengleichung (6.23) kann bequem in rückwärts durchlaufender Zeit berechnet werden, wenn zunächst $\boldsymbol{K}(k)$ über (6.22) bestimmt wird. Anschließend wird $\boldsymbol{P}(k)$ über (6.23) und dann wieder $\boldsymbol{K}(k)$ usw. berechnet, was bei Verwendung eines Digitalrechners eine einfache Aufgabe ist. Für die praktische Realisierung entsprechend Bild 6.3 muß die gesamte Folge $\boldsymbol{K}(k)$ zunächst off-line berechnet und dann im Prozeßrechner abgespeichert werden, damit sie dort für die On-line-Regelung zur Verfügung steht.

Beispiel 6.1:

Gegeben seien das kontinuierliche System aus Beispiel 4.1 und das zugehörige äquivalente zeitdiskrete System für die Abtastperiode $T=0{,}1$ s

$$\begin{bmatrix} x_1(k+1) \\ x_2(k+1) \end{bmatrix} = \begin{bmatrix} 1 & 0 \\ 0 & 0{,}905 \end{bmatrix} \begin{bmatrix} x_1(k) \\ x_2(k) \end{bmatrix} + \begin{bmatrix} 1 \\ 0{,}095 \end{bmatrix} u(k); \quad \boldsymbol{x}_0 = \boldsymbol{x}(0),$$

$$y(k) = [1 \; -1]\,\boldsymbol{x}(k), \quad k = 0, 1, 2, \ldots$$

Es soll die optimale Steuerung angegeben werden, die die Ausgangsgröße $y_0 = -1$, entsprechend dem Anfangszustand $\boldsymbol{x}_0 = [1 \; 2]^T$, in 10 Zeitschritten auf den Wert $y(10) = 0$ führt. Das der Optimierung zugrundeliegende Kostenfunktional sei gegeben durch

$$J = \sum_{k=0}^{9} y^2(k+1) + \mu u^2(k) \quad \text{mit} \quad \mu = 2 .$$

Aus der Problemstellung folgt, daß mit (6.6) zunächst gilt:

$$\boldsymbol{Q} = [1 \; -1]^T [1 \; -1] = \begin{bmatrix} 1 & -1 \\ -1 & 1 \end{bmatrix};$$

$$\boldsymbol{R} = \mu = 2; \quad \boldsymbol{P}(10) = \boldsymbol{P} = \boldsymbol{0} .$$

Über (6.22) und (6.23) werden die Elemente der Rückführ-(-Zeilen)Matrix $\boldsymbol{K}$ bestimmt, die in Tabelle 6.1 dargestellt sind. Über die Systemgleichung (6.3) und (6.21) folgt dann zunächst

$$\boldsymbol{x}(k+1) = [\boldsymbol{A} - \boldsymbol{b}\boldsymbol{K}(k)]\,\boldsymbol{x}(k); \; \boldsymbol{x}_0 = \boldsymbol{x}(0), \quad k = 0, 1, 2, \ldots 10 ,$$

$$y(k) = \boldsymbol{C}\boldsymbol{x}(k) .$$

Hieraus läßt sich der Verlauf von $\boldsymbol{x}(k)$ und mit (6.21) die Steuerfolge explizit berechnen, die zusammen mit $y(k)$ ebenfalls in Tabelle 6.1 notiert sind. Das Bild 6.4 zeigt den Verlauf von $\boldsymbol{x}(k)$, $y(k)$ und $u(k)$.

Tabelle 6.1: Zahlenwerte zu Beispiel 6.1

k	k_1	k_2	u	x_1	x_2	y
10				0,771	0,763	0,01
9	0,321	−0,231	0,079	0,850	0,841	0,01
8	0,455	−0,336	−0,232	0,978	0,942	0,04
7	0,498	−0,421	−0,09	1,068	1,050	0,02
6	0,510	−0,424	−0,1	1,168	1,170	−0,02
5	0,513	−0,423	−0,108	1,276	1,292	−0,02
4	0,514	−0,422	−0,101	1,378	1,439	−0,06
3	0,514	−0,421	−0,074	1,453	1,598	−0,15
2	0,514	−0,421	−0,03	1,459	1,767	−0,31
1	0,514	−0,420	0,133	1,326	1,939	−0,61
0	0,514	−0,420	0,326	1,000	2,000	−1

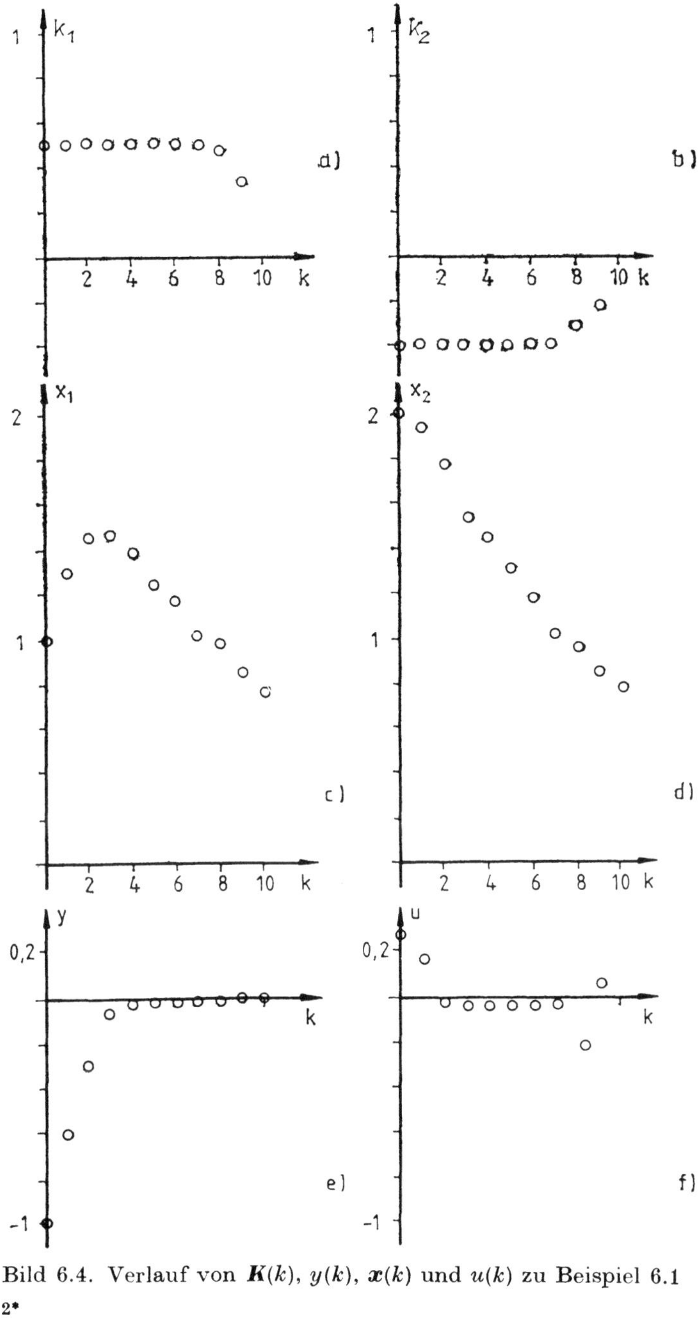

Bild 6.4. Verlauf von $\boldsymbol{K}(k)$, $y(k)$, $\boldsymbol{x}(k)$ und $u(k)$ zu Beispiel 6.1

6.3. Stationäre Lösung des linearen Optimalreglers

Wegen der großen praktischen Bedeutung und der leichteren Interpretierbarkeit einiger spezieller Eigenschaften werden im folgenden zeitinvariante Systeme und ihr Verhalten etwas ausführlicher diskutiert. Diese Systeme genügen den dynamischen Beziehungen

$$\boldsymbol{x}(k+1)=\boldsymbol{A}\boldsymbol{x}(k)+\boldsymbol{B}\boldsymbol{u}(k); \quad \boldsymbol{x}_0=\boldsymbol{x}(0), \tag{6.26}$$
$$\boldsymbol{y}(k)=\boldsymbol{C}\boldsymbol{x}(k), \quad k=0, 1, 2, \ldots,$$

und das zeitinvariante Optimierungskriterium hat die Form:

$$J(\boldsymbol{x}, \boldsymbol{u})=\boldsymbol{x}^T(N)\,\boldsymbol{P}\boldsymbol{x}(N)+\sum_{k=0}^{N-1}\left[\boldsymbol{x}^T(k+1)\,\boldsymbol{Q}\boldsymbol{x}(k+1)+\boldsymbol{u}^T(k)\,\boldsymbol{R}\boldsymbol{u}(k)\right]. \tag{6.27}$$

In [CM 1 u. 2] ist zunächst die Gültigkeit folgenden Satzes bewiesen:

Satz 6.3:

Gegeben sei das durch (6.26) und (6.27) beschriebene zeitinvariante lineare Optimalreglerproblem. Das System sei ferner vollständig steuerbar und beobachtbar. Dann gilt:

1. Die Lösungen $\boldsymbol{P}(k)$ der Differenzengleichungen (6.22) und (6.23) mit der Endbedingung $\boldsymbol{P}(k_e)=\boldsymbol{P}(N)=\boldsymbol{P}$ konvergieren für jede Matrix $\boldsymbol{P}\geqq 0$ mit $N\to\infty$ gegen eine stationäre Lösung $\bar{\boldsymbol{P}}$.
2. Das zugehörige optimale Steuergesetz ist stationär, und das so optimal geregelte System ist asymptotisch stabil.
3. Die stationäre optimale Steuerung minimiert (6.27) für jedes $\boldsymbol{P}\geqq 0$. Der Wert des Optimums ist gegeben durch

$$J^0=\boldsymbol{x}_0^T\bar{\boldsymbol{P}}\boldsymbol{x}_0\,. \tag{6.28}$$

Da auch die Rückführmatrix der stationären Lösung zeitinvariant ist, ist das optimal geregelte System zeitinvariant und kann durch eine komplexe Übertragungsfunktion beschrieben werden. Um die Pollagen des Optimalreglersystems diskutieren zu können, ist es nützlich, das Optimalreglerproblem auf die Form eines Zweipunktrandwertproblems zu bringen. Hierzu definieren wir zunächst diese Vektorfunktion

$$\boldsymbol{p}(k)=[\boldsymbol{Q}+\boldsymbol{P}(k+1)]\,\boldsymbol{x}(k+1); \quad k=0, 1, \ldots, N-1\,, \tag{6.29}$$

worin $\boldsymbol{P}(k)$ durch Satz 6.2 bestimmt ist.

Für $\boldsymbol{p}(k)$ soll eine Differenzengleichung aufgestellt werden. Aus der Endbedingung (6.24) folgt zunächst

$$\boldsymbol{p}\,(N-1)=(\boldsymbol{Q}+\boldsymbol{P})\,\boldsymbol{x}(N) \tag{6.30}$$

und dann aus (6.23) mit (6.26):

$$\begin{aligned}\boldsymbol{p}\,(k-1)&=\boldsymbol{Q}\boldsymbol{x}(k)+\boldsymbol{P}(k)\,\boldsymbol{x}(k)\\&=\boldsymbol{Q}\boldsymbol{x}(k)+\boldsymbol{A}^T\,[\boldsymbol{Q}+\boldsymbol{P}\,(k+1)]\,[\boldsymbol{A}-\boldsymbol{B}\boldsymbol{K}(k)]\,\boldsymbol{x}(k)\\&=\boldsymbol{Q}\boldsymbol{x}(k)+\boldsymbol{A}^T\,[\boldsymbol{Q}+\boldsymbol{P}\,(k+1)]\,\boldsymbol{x}\,(k+1)\\&=\boldsymbol{Q}\boldsymbol{x}(k)+\boldsymbol{A}^T\boldsymbol{p}(k)\,.\end{aligned} \tag{6.31}$$

Schließlich wird $\boldsymbol{u}^0(k)$ durch einen Ausdruck in $\boldsymbol{p}(k)$ bestimmt

$$\begin{aligned}-\boldsymbol{R}^{-1}\boldsymbol{B}^T\boldsymbol{p}(k)&=-\boldsymbol{R}^{-1}\boldsymbol{B}^T\,[\boldsymbol{Q}+\boldsymbol{P}\,(k+1)]\,\boldsymbol{x}\,(k+1)\\&=-\boldsymbol{R}^{-1}\boldsymbol{B}^T\,[\boldsymbol{Q}+\boldsymbol{P}\,(k+1)]\,[\boldsymbol{A}\boldsymbol{x}(k)+\boldsymbol{B}\boldsymbol{u}^0(k)]\\&=-\boldsymbol{R}^{-1}\boldsymbol{B}^T\,[\boldsymbol{Q}+\boldsymbol{P}\,(k+1)]\,\boldsymbol{A}\boldsymbol{x}(k)\\&\quad-\boldsymbol{R}^{-1}\boldsymbol{B}^T\,[\boldsymbol{Q}+\boldsymbol{P}\,(k+1)]\,\boldsymbol{B}\boldsymbol{u}^0(k)\,.\end{aligned} \tag{6.32}$$

Nun folgt aber aus (6.22):

$$\begin{aligned}\boldsymbol{B}^T\,[\boldsymbol{Q}+\boldsymbol{P}\,(k+1)]\,\boldsymbol{A}\boldsymbol{x}(k)&=\{\boldsymbol{R}+\boldsymbol{B}^T\,[\boldsymbol{Q}+\boldsymbol{P}\,(k+1)]\,\boldsymbol{B}\}\,\boldsymbol{K}(k)\,\boldsymbol{x}(k)\\&=-\{\boldsymbol{R}+\boldsymbol{B}^T\,[\boldsymbol{Q}+\boldsymbol{P}\,(k+1)]\,\boldsymbol{B}\}\,\boldsymbol{u}^0(k)\,.\end{aligned} \tag{6.33}$$

Wird dies in (6.32) eingesetzt, läßt sich $\boldsymbol{u}^0(k)$ darstellen durch

$$\boldsymbol{u}^0(k)=-\boldsymbol{R}^{-1}\boldsymbol{B}^T\boldsymbol{p}(k)\,. \tag{6.34}$$

Setzen wir die so bestimmte optimale Steuerung in die Zustandsgleichung (6.26) ein, so erhalten wir das folgende Zweipunktrandwertproblem:

$$\begin{aligned}&\boldsymbol{x}\,(k+1)=\boldsymbol{A}\boldsymbol{x}(k)-\boldsymbol{B}\boldsymbol{R}^{-1}\boldsymbol{B}^T\boldsymbol{p}(k), && k=0,1,2,\ldots,N-1,\\&\boldsymbol{p}\,(k-1)=\boldsymbol{Q}\boldsymbol{x}(k)+\boldsymbol{A}^T\boldsymbol{p}(k), && k=1,2,\ldots,N-1,\\&\boldsymbol{x}_0=\boldsymbol{x}(0)\,,\\&\boldsymbol{p}\,(N-1)=(\boldsymbol{Q}+\boldsymbol{P})\,\boldsymbol{x}(N)\,.\end{aligned} \tag{6.35}$$

Für den stationären Fall mit $N\to\infty$ gilt für (6.29):

$$\boldsymbol{p}(k)=[\boldsymbol{Q}+\bar{\boldsymbol{P}}]\,\boldsymbol{x}\,(k+1),\quad k=0,1,2,\ldots, \tag{6.36}$$

und für (6.35):

$$\begin{aligned}&\boldsymbol{x}\,(k+1)=\boldsymbol{A}\boldsymbol{x}(k)-\boldsymbol{B}\boldsymbol{R}^{-1}\boldsymbol{B}^T\boldsymbol{p}(k),\\&\boldsymbol{p}(k)=\boldsymbol{Q}\boldsymbol{x}\,(k+1)+\boldsymbol{A}^T\boldsymbol{p}\,(k+1),\quad k=0,1,2,\ldots\end{aligned} \tag{6.37}$$

Wird auf dieses Differenzengleichungssystem die z-Transformation angewendet:

$$\begin{aligned}&z\boldsymbol{X}(z)-z\boldsymbol{x}_0=\boldsymbol{A}\boldsymbol{X}(z)-\boldsymbol{B}\boldsymbol{R}^{-1}\boldsymbol{B}^T\boldsymbol{P}(z),\\&\boldsymbol{P}(z)=z\boldsymbol{Q}\boldsymbol{X}(z)-z\boldsymbol{Q}\boldsymbol{x}_0+z\boldsymbol{A}^T\boldsymbol{P}(z)-z\boldsymbol{A}^T\boldsymbol{p}_0\,,\end{aligned} \tag{6.38}$$

worin $\boldsymbol{X}(z)$ und $\boldsymbol{P}(z)$ die z-Transformierten von $\boldsymbol{x}(k)$ und $\boldsymbol{p}(k)$ sind, dann läßt sich die Lösung für $\boldsymbol{X}(z)$ und $\boldsymbol{P}(z)$ wie folgt angeben:

$$\begin{bmatrix} \boldsymbol{X}(z) \\ \boldsymbol{P}(z) \end{bmatrix} = \begin{bmatrix} z\boldsymbol{I}-\boldsymbol{A} & \boldsymbol{B}\boldsymbol{R}^{-1}\boldsymbol{B}^T \\ -\boldsymbol{Q} & z^{-1}\boldsymbol{I}-\boldsymbol{A}^T \end{bmatrix}^{-1} \begin{bmatrix} z\boldsymbol{x}_0 \\ -\boldsymbol{Q}\boldsymbol{x}_0-\boldsymbol{A}^T\boldsymbol{p}_0 \end{bmatrix}. \tag{6.39}$$

Es ist zu erkennen, daß jede Komponente von $\boldsymbol{X}(z)$ und $\boldsymbol{P}(z)$ eine rationale Funktion in z ist, deren Singularitäten bestimmt werden durch

$$\left\| \begin{bmatrix} z\boldsymbol{I}-\boldsymbol{A} & \boldsymbol{B}\boldsymbol{R}^{-1}\boldsymbol{B}^T \\ -\boldsymbol{Q} & z^{-1}\boldsymbol{I}-\boldsymbol{A}^T \end{bmatrix} \right\| = 0\,. \tag{6.40}$$

Diese Determinante ist ein Polynom in z und z^{-1}. Zu jeder Wurzel z_i ($i = 1, 2, \ldots$) korrespondiert auch eine Wurzel z_i^{-1}, weswegen keine Wurzeln $z_i = 0$ existieren können. Mit der Ordnung n für die Systemmatrix $\boldsymbol{A}$ hat (6.40) maximal $2n$ Wurzeln. Damit können $\boldsymbol{x}(k)$ und $\boldsymbol{p}(k)$ entsprechend den Korrespondenzen in Tabelle A 4.3 als Linearkombination von z_i^k, kz_i^k, $k^2z_i^k, \ldots$ für alle Werte von $i = 1, 2, \ldots r \leqq n$ dargestellt werden. Ausdrücke der Form $k^jz_i^k$ mit $j = 1, 2, \ldots l-1$ treten dann auf, wenn die Wurzel z_i die Vielfachheit l hat. Unter den in Satz 6.3 festgehaltenen Bedingungen ist die stationäre Lösung des geschlossenen Optimalregelungssystems asymptotisch stabil. Das bedeutet, daß die Anfangsbedingungen der Differenzengleichung (6.37) so festgelegt sind, daß alle Koeffizienten der Komponenten von $\boldsymbol{x}(k)$ mit Potenzen in z_i für $|z_i| \geqq 1$ Null werden. Damit ist $\boldsymbol{x}(k)$ eine Linearkombination der Potenzen von z_i, für die $|z_i| < 1$ gilt. Das bedeutet, daß diese Wurzeln Eigenwerte des geschlossenen Optimalregelkreises sind. Da nun (6.40) auch weniger als $2n$ Wurzeln haben kann, können auch weniger als n Wurzeln mit Beträgen, die kleiner als 1 sind, existieren. Weiter unten wird gezeigt, daß dies nur dann eintritt, wenn die Systemmatrix $\boldsymbol{A}$ einen oder mehrere Eigenwerte der Größe Null hat. Aus dem Vorstehenden ist zu schließen, daß die restlichen Eigenwerte des geschlossenen Optimalregelkreises, die gegebenenfalls nicht aus (6.40) festgelegt sind, Null sein müssen. Das heißt, diese Eigenwerte $z_j = 0$ werden von der Regelstrecke in den geschlossenen Optimalregelkreis übernommen.

Das vorstehend Ausgeführte fassen wir zusammen in

Satz 6.4:

Gegeben sei das zeitinvariante Optimalreglerproblem, bei dem

$$\begin{aligned} \boldsymbol{x}(k+1) &= \boldsymbol{A}\boldsymbol{x}(k) + \boldsymbol{B}\boldsymbol{u}(k)\,, \\ \boldsymbol{y}(k) &= \boldsymbol{C}\boldsymbol{x}(k) \end{aligned} \tag{6.41}$$

vollständig steuerbar und beobachtbar seien. Mit z_i, $i = 1, 2, \ldots, r$ und $r \leqq n$ seien die Wurzeln von

$$\left\| \begin{bmatrix} z\boldsymbol{I}-\boldsymbol{A} & \boldsymbol{B}\boldsymbol{R}^{-1}\boldsymbol{B}^T \\ -\boldsymbol{Q} & z^{-1}\boldsymbol{I}-\boldsymbol{A}^T \end{bmatrix} \right\| = 0 \tag{6.42}$$

bezeichnet, für die $|z_i|<1$ ist. Dann hat der geschlossene Optimalregelkreis genau diese r Wurzeln z_i als Eigenwerte. Die restlichen $n-r$ Eigenwerte sind Null.

Beispiel 6.2:

Das Optimalreglerproblem für das System aus Beispiel 6.1

$$\boldsymbol{x}(k+1)=\begin{bmatrix}1 & 0\\ 0 & 0{,}905\end{bmatrix}\boldsymbol{x}(k)+\begin{bmatrix}1\\ 0{,}095\end{bmatrix}u(k)\,,$$

$$y(k)=[1 \quad -1]\,\boldsymbol{x}(k)\,,$$

führt mit

$$\underset{\sim}{\boldsymbol{Q}}=\begin{bmatrix}1 & -1\\ -1 & 1\end{bmatrix};\quad \boldsymbol{R}=2;\quad \boldsymbol{P}=\boldsymbol{0}\,,$$

auf die stationäre Lösung der Rückführmatrix

$$\boldsymbol{K}=[0{,}514 \quad -0{,}420]\,,$$

die durch wiederholte Berechnung von (6.22) und (6.23) bestimmt wurde.

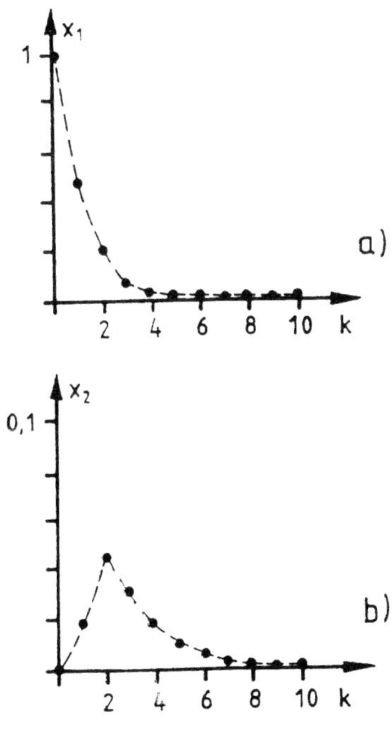

Bild 6.5. Verlauf von $\boldsymbol{x}(k)$ für $\boldsymbol{x}_0^T=[1\ 0]$ im Beispiel 6.2

Das geschlossene System hat damit die Eigenwerte

$$\lambda_{1/2}(\boldsymbol{A}-\boldsymbol{bK})=0{,}468 \pm j\,0{,}122 .$$

In Bild 6.5 sind $x_1(k)$ und $x_2(k)$ für die Anfangsbedingung $\boldsymbol{x}_0=[1\ \ 0]^T$ dargestellt.

6.4. Asymptotisches Verhalten des zeitinvarianten Optimalregelkreises

Die im vorstehenden Abschnitt behandelte stationäre Lösung wird im folgenden weiter diskutiert. Insbesondere wird das asymptotische Verhalten in Abhängigkeit von einem skalaren Parameter ϱ untersucht, wenn das Optimierungskriterium diese Form hat:

$$J(\boldsymbol{x}, \boldsymbol{u}, \varrho)=\sum_{k=0}^{\infty} \boldsymbol{x}^T(k+1)\,\boldsymbol{Q}\boldsymbol{x}(k+1)+\boldsymbol{u}^T(k)\,\varrho\boldsymbol{R}\boldsymbol{u}(k) . \tag{6.43}$$

Zunächst wird das Verhalten der Pole des geschlossenen Kreises betrachtet. In Satz 6.4 war festgehalten, daß die von Null verschiedenen Eigenwerte des geschlossenen Optimalregelkreises die Wurzeln $|z_i|<1$ von:

$$\left\|\begin{bmatrix} z\boldsymbol{I}-\boldsymbol{A} & \boldsymbol{B}\frac{1}{\varrho}\boldsymbol{R}^{-1}\boldsymbol{B}^T \\ -\boldsymbol{Q} & z^{-1}\boldsymbol{I}-\boldsymbol{A}^T \end{bmatrix}\right\|=0 \tag{6.44}$$

sind. Wir benötigen im folgenden diesen Hilfssatz:

Hilfssatz 6.1:

Gegeben ist eine quadratische Matrix mit quadratischen Blockmatrizen der Form

$$\boldsymbol{M}=\begin{bmatrix} \boldsymbol{M}_1 & \boldsymbol{M}_2 \\ \boldsymbol{M}_3 & \boldsymbol{M}_4 \end{bmatrix} . \tag{6.45}$$

Dann kann, wenn $\boldsymbol{M}_1$ bzw. $\boldsymbol{M}_4$ nichtsingulär ist, die Determinante von $\boldsymbol{M}$ entwickelt werden zu

$$\begin{aligned} |\boldsymbol{M}| &= |\boldsymbol{M}_1| \cdot |\boldsymbol{M}_4-\boldsymbol{M}_3\boldsymbol{M}_1^{-1}\boldsymbol{M}_2| \\ &= |\boldsymbol{M}_4| \cdot |\boldsymbol{M}_1-\boldsymbol{M}_2\boldsymbol{M}_4^{-1}\boldsymbol{M}_3| . \end{aligned} \tag{6.46}$$

Diese Behauptung ist leicht zu beweisen, wenn die Matrix $\boldsymbol{M}$ als Produkt dreier Matrizen geschrieben wird:

$$\boldsymbol{M}=\begin{bmatrix} \boldsymbol{M}_1 & \boldsymbol{M}_2 \\ \boldsymbol{M}_3 & \boldsymbol{M}_4 \end{bmatrix}=\begin{bmatrix} \boldsymbol{M}_1 & 0 \\ 0 & \boldsymbol{I} \end{bmatrix}\begin{bmatrix} \boldsymbol{I} & 0 \\ \boldsymbol{M}_3 & \boldsymbol{I} \end{bmatrix}\begin{bmatrix} \boldsymbol{I} & \boldsymbol{M}_1^{-1}\boldsymbol{M}_2 \\ 0 & -\boldsymbol{M}_3\boldsymbol{M}_1^{-1}\boldsymbol{M}_2+\boldsymbol{M}_4 \end{bmatrix} . \tag{6.47}$$

Wird hierzu die Determinante gebildet, folgt die erste Zeile von (6.46). Analog läßt sich auch die zweite Zeile von (6.46) nachweisen. Mit (6.46) und mit

$$|\boldsymbol{I}_m + \boldsymbol{M}\boldsymbol{N}| = |\boldsymbol{I}_n + \boldsymbol{N}\boldsymbol{M}| \,, \tag{6.48}$$

worin $\boldsymbol{M}$ eine (m, n)- und $\boldsymbol{N}$ eine (n, m)-Matrix sind, folgt aus (6.44):

$$\begin{aligned}
&\left\|\begin{bmatrix} z\boldsymbol{I}-\boldsymbol{A} & \frac{1}{\varrho}\boldsymbol{B}\boldsymbol{R}^{-1}\boldsymbol{B}^T \\ -\boldsymbol{Q} & z^{-1}\boldsymbol{I}-\boldsymbol{A}^T \end{bmatrix}\right\| \\
&= |z\boldsymbol{I}-\boldsymbol{A}| \left\|\left[z^{-1}-\boldsymbol{A}^T+\boldsymbol{Q}\,(z\boldsymbol{I}-\boldsymbol{A})^{-1}\frac{1}{\varrho}\,\boldsymbol{B}\boldsymbol{R}^{-1}\boldsymbol{B}^T\right]\right\| \\
&= |z\boldsymbol{I}-\boldsymbol{A}|\;|z^{-1}\boldsymbol{I}-\boldsymbol{A}^T| \left\|\left[\boldsymbol{I}+\frac{1}{\varrho}\,\boldsymbol{R}^{-1}\boldsymbol{B}^T\,(z^{-1}\boldsymbol{I}-\boldsymbol{A}^T)^{-1}\,\boldsymbol{Q}\,(z\boldsymbol{I}-\boldsymbol{A})^{-1}\boldsymbol{B}\right]\right\| \\
&= |z\boldsymbol{I}-\boldsymbol{A}|\;|z^{-1}\boldsymbol{I}-\boldsymbol{A}^T| \left|\boldsymbol{I}+\frac{1}{\varrho}\,\boldsymbol{R}^{-1}\boldsymbol{B}^T\,(z^{-1}\boldsymbol{I}-\boldsymbol{A}^T)^{-1}\,\boldsymbol{C}^T\boldsymbol{Q}_1\boldsymbol{C}(z\boldsymbol{I}-\boldsymbol{A})^{-1}\boldsymbol{B}\right| \\
&= C(z)\;C(z^{-1}) \left|\boldsymbol{I}+\frac{1}{\varrho}\,\boldsymbol{R}^{-1}\boldsymbol{F}^T(z^{-1})\;\boldsymbol{Q}_1\boldsymbol{F}(z)\right| .
\end{aligned} \tag{6.49}$$

Hierin ist

$$\boldsymbol{C}(z) = |\boldsymbol{I}z - \boldsymbol{A}| \tag{6.50}$$

das charakteristische Polynom zur Systemmatrix $\boldsymbol{A}$ und

$$\boldsymbol{F}(z) = \boldsymbol{C}\,[z\boldsymbol{I}-\boldsymbol{A}]^{-1}\boldsymbol{B} \tag{6.51}$$

die Übertragungsmatrix der Regelstrecke.

Im Falle des Eingrößensystems, das sich recht übersichtlich diskutieren läßt, gilt

$$F(z) = \frac{Z(z)}{N(z)} \tag{6.52}$$

mit

$$N(z) = C(z) = z^{n-r}\prod_{i=1}^{r}(z-\pi_i),\ \pi_i \neq 0,\ r \leqq n \tag{6.53}$$

$$Z(z) = \alpha z^{m-s}\prod_{j=1}^{s}(z-\nu_j),\ \nu_j \neq 0, \quad s \leqq m \leqq n-1 \,. \tag{6.54}$$

Wählt man nun ohne Beschränkung der Allgemeingültigkeit $\boldsymbol{R} = \boldsymbol{Q}_1 = 1$, dann erhält (6.49) für das Eingrößensystem die Form:

$$\prod_{i=1}^{r}(z-\pi_i)\left(\frac{1}{z}-\pi_i\right) + \frac{\alpha^2}{\varrho}\prod_{j=1}^{s}(z-\nu_j)\left(\frac{1}{z}-\nu_j\right) = 0 \,. \tag{6.55}$$

Diese Beziehung läßt sich mittels des Wurzelortskurvenverfahrens [SW 2] untersuchen, wenn sie vorher auf die übliche Standardform für dieses Verfahren gebracht wurde

$$\prod_{i=1}^{r} (z-\pi_i)\left(z-\frac{1}{\pi_i}\right)+\frac{\alpha^2}{\varrho}\,\frac{\prod\limits_{j=1}^{s}(-\nu_j)}{\prod\limits_{i=1}^{r}(=\pi_j)}\,z^{r-s}\prod_{j=1}^{s}(z-\nu_j)\left(z-\frac{1}{\nu_j}\right)=0\,. \tag{6.56}$$

Verfolgt man die Wurzelbewegung in Abhängigkeit von ϱ mit den Regeln des Wurzelortskurvenverfahrens, wird zunächst (für $r \geqq s$) festgestellt:

1. Die $2r$ Wurzelortsäste entspringen für $\varrho=\infty$ bei π_i und $\dfrac{1}{\pi_i}$.
2. Mit $\varrho \to 0$ verhalten sich die Wurzelortskurven wie folgt:
   i) s Äste streben gegen die Werte ν_j,
   ii) weitere s Äste streben gegen die inversen Nullstellen $1/\nu_j$,
   iii) $r-s$ Äste enden im Ursprung,
   iv) die restlichen $r-s$ Äste streben gegen Unendlich.
3. Die mit $\varrho \to 0$ gegen Unendlich strebenden Wurzeln liegen asymptotisch in einem Abstand D vom Ursprung:

$$D=\left|\frac{\alpha^2\prod\limits_{j=1}^{s}\nu_j}{\varrho\prod\limits_{j=1}^{r}\pi_i}\right|^{1/r-s}. \tag{6.57}$$

Entsprechend haben die gegen Null strebenden Wurzeln asymptotisch eine Entfernung:

$$D=\left|\frac{\varrho\prod\limits_{i=1}^{r}\pi_i}{\alpha^2\prod\limits_{j=1}^{s}\nu_j}\right|^{1/r-s}.$$

Die Wurzeln, für die gilt: $|z_i|<1$, sind Pole des geschlossenen Optimalregelkreises, so daß dieses Ergebnis für den geschlossenen Regelkreis gilt:

Satz 6.5:

Wir betrachten die stationäre Lösung des zeitdiskreten zeitinvarianten Optimalreglerproblems. Die Übertragungsfunktion der Regelstrecke sei gegeben durch:

$$F(z)=\alpha\,\frac{z^{m-s}\prod\limits_{j=1}^{s}(z-\nu_j)}{z^{n-r}\prod\limits_{i=1}^{r}(z-\pi_i)}\,,\qquad \begin{aligned}&\alpha \neq 0\,,\\ &\nu_j \neq 0\,,\\ &\pi_i \neq 0\,.\end{aligned} \tag{6.58}$$

Ferner seien $n \geqq r \geqq s$, $n-1 \geqq m \geqq s$ und in (6.43) $\boldsymbol{Q}=1$ und $\boldsymbol{R}=\varrho$, dann gilt:

a) Von den n Polen des geschlossenen Regelkreises liegen $n-r$ immer im Ursprung der z-Ebene.

b) Mit $\varrho \to 0$ streben von den verbleibenden r Polen s gegen die Werte $\hat{\nu}_j$, $j=1, 2, \ldots s$, mit

$$\hat{\nu}_j = \begin{cases} \nu_j & \text{für} \quad |\nu_j| \leq 1 \,, \\ \dfrac{1}{\nu_j} & \text{für} \quad |\nu_j| > 1 \,. \end{cases} \tag{6.59}$$

c) Mit $\varrho \to 0$ streben die restlichen $r-s$ Pole gegen Null. Diese Pole des geschlossenen Regelkreises liegen asymptotisch in einem Abstand D vom Ursprung

$$D = \left| \frac{\varrho}{\alpha^2} \frac{\prod\limits_{i=1}^{r} \pi_i}{\prod\limits_{j=1}^{s} \nu_j} \right|^{1/r-s} . \tag{6.60}$$

d) Mit $\varrho \to \infty$ streben die r Pole des geschlossenen Regelkreises, die nicht Null sind, gegen die Werte

$$\hat{\pi}_i = \begin{cases} \pi_i & \text{für} \quad |\pi_i| \leq 1 \,, \\ \dfrac{1}{\pi_i} & \text{für} \quad |\pi_i| > 1 \,. \end{cases} \quad i=1, 2, \ldots, r \,. \tag{6.61}$$

Wir betrachten nun das asymptotische Verhalten des Mehrgrößensystems und untersuchen auch hierzu wieder (6.49):

$$C(z)\, C(z^{-1}) \left| \mathrm{I} + \frac{1}{\varrho} \boldsymbol{R}^{-1} \boldsymbol{F}^T(z^{-1})\, \boldsymbol{Q}_1 \boldsymbol{F}(z) \right| = 0 \tag{6.62}$$

Für $\varrho = \infty$ sind die Wurzeln im Endlichen auch die von

$$C(z)\, C(z^{-1}) = 0 \,. \tag{6.63}$$

Die Eigenwerte des Systems werden wieder wie oben notiert zu:

$$C(z) = z^{n-r} \prod_{i=1}^{r} (z - \pi_i), \quad \pi_i \neq 0 \,, \tag{6.64}$$

so daß für (6.63) folgt:

$$C(z)\, C(z^{-1}) = \prod_{i=1}^{r} (z - \pi_i)\, (z^{-1} - \pi_i) \,. \tag{6.65}$$

Hieraus ist zu erkennen, daß $2r$ Wurzelortskurvenäste zu (6.62) für $\varrho \to \infty$ in den Polen und deren Inversen des offenen Systems entspringen. Nun werden die Wurzeln von (6.62) für $\varrho \to 0$ betrachtet; die im Endlichen verlaufenden WOK-Äste enden in den Nullstellen von:

$$C(z)\, C(z^{-1})\, |\boldsymbol{F}^T(z^{-1})\, \boldsymbol{Q}_1 \boldsymbol{F}(z)| = 0 . \tag{6.66}$$

Wird nun vorausgesetzt, daß das System gleichviel Eingangs- wie Ausgangsgrößen hat und vollständig steuerbar und beobachtbar ist, dann ist

$$|\boldsymbol{F}(z)| = \frac{|\boldsymbol{Z}(z)|}{C(z)} = \frac{Z(z)}{C(z)} . \tag{6.67}$$

Dann sind die Nullstellen von (6.66) auch die von

$$Z(z)\, Z(z^{-1}) = 0 . \tag{6.68}$$

Das Zählerpolynom der Determinanten der Übertragungsmatrix schreiben wir

$$Z(z) = \alpha z^{m-s} \prod_{j=1}^{s} (z - \nu_j), \quad \nu_j \neq 0 , \tag{6.69}$$

womit für (6.68) folgt:

$$Z(z)\, Z(z^{-1}) = \alpha^2 \prod_{j=1}^{s} (z - \nu_j)\, (z^{-1} - \nu_j) . \tag{6.70}$$

Daran ist zu erkennen, daß $2s$ WOK-Äste für $\varrho = 0$ in den Wurzeln ν_j bzw. ν_j^{-1} enden.

Für $r \geqq s$ entspringen $2r$ WOK-Äste von (6.62) für $\varrho \to \infty$ aus den nicht im Ursprung liegenden Polen und deren Inversen des offenen Systems. Da $2s$ WOK-Äste für $\varrho \to 0$ in den Nullstellen des offenen Systems enden, müssen von den verbleibenden $2\,(r-s)$ WOK-Ästen $r-s$ im Ursprung und $r-s$ im Unendlichen enden. Die Pole des geschlossenen Systems, die nicht im Ursprung liegen, liegen alle im Inneren des Einheitskreises der z-Ebene.

Wir fassen damit als Ergebnis zusammen:

Satz 6.6:

Es wird die stationäre Lösung des zeitdiskreten zeitinvarianten Optimalreglerproblems betrachtet. Es gelte $\dim(u) = \dim(y)$, und die Übertragungsmatrix der Regelstrecke laute:

$$\boldsymbol{F}(z) = \boldsymbol{C}\, (\boldsymbol{I}z - \boldsymbol{A})^{-1}\, \boldsymbol{B} , \tag{6.71}$$

$$|\boldsymbol{F}(z)| = \frac{Z(z)}{C(z)} , \tag{6.72}$$

$$Z(z) = \alpha z^{n-s} \prod_{j=1}^{s} (z - \nu_j), \quad \nu_j \neq 0 , \tag{6.73}$$

$$C(z) = z^{m-r} \prod_{i=1}^{r} (z - \pi_i), \quad \pi_i \neq 0 . \tag{6.74}$$

Dann gilt:

a) Von den n Polen des geschlossenen Systems liegen $n-r$ immer im Ursprung der z-Ebene.

b) Für $\varrho \to 0$ streben von den r verbleibenden Polen s gegen die Werte $\hat{\nu}_j$

$$\hat{\nu}_j = \begin{cases} \nu_j & \text{für} \quad |\nu_j| \leq 1 \;, \\ 1/\nu_j & \text{für} \quad |\nu_j| > 1 \;. \end{cases} \tag{6.75}$$

c) Mit $\varrho \to 0$ streben die restlichen $r-s$ Pole gegen den Ursprung.

d) Für $\varrho \to \infty$ streben die r nicht im Ursprung liegenden Pole gegen die Werte $\hat{\pi}_i$:

$$\hat{\pi}_i = \begin{cases} \pi_i & \text{für} \quad |\pi_i| \leq 1 \;, \\ 1/\pi_i & \text{für} \quad |\pi_i| > 1 \;. \end{cases} \tag{6.76}$$

Es ist bemerkenswert, daß beim Optimalreglerproblem für zeitdiskrete Systeme, anders als beim kontinuierlichen Problem [KS, $SW1$], die Pole des geschlossenen Systems im Endlichen bleiben, wenn $\boldsymbol{R} \to \boldsymbol{0}$. Entsprechend bleibt auch die Rückführmatrix $\boldsymbol{K}$ endlich. Für das Systemverhalten eines Systems mit diesem Grenzfall $\boldsymbol{R} \to \boldsymbol{0}$ kann folgendes gesagt werden: $n-s$ Pole liegen im Ursprung. War das offene System darüberhinaus ein Phasenminimumsystem (s. Definitionen 3.4 und 3.6), dann kürzen sich im Grenzfall s-Pole mit diesen Nullstellen. Das System hat aber nur – und zwar genau- $n-s$-Pole im Ursprung. Damit erhält das optimale System ein "dead beat"-Verhalten (s. Abschnitt 5.5.), und das System ist spätestens nach $n-s$ Tastschritten eingeschwungen. Dies gilt aber nur für die Ausgangsgröße. Der Systemzustand selbst braucht hierbei noch nicht zur Ruhe gekommen zu sein (vergleiche hierzu $y(k)$ und $x(k)$ in Beispiel 6.1). Im Grenzfall ist also wegen der Pol-/Nullstellenkürzung das optimale System nicht mehr vollständig beobachtbar.

6.5. Optimalregler für Sollwertänderungen und konstante Störungen

Es werden nun Optimalreglerprobleme behandelt, bei denen der Sollwert $\boldsymbol{y}_w$ der Regelgröße nicht Null ist und bei denen darüberhinaus am Systemeingang konstante Störungen einwirken. Zunächst betrachten wir den Fall des Sollwertes ungleich Null. Für den zeitinvarianten Fall gilt:

$$\boldsymbol{x}\,(k+1) = \boldsymbol{A}\boldsymbol{x}(k) + \boldsymbol{B}\boldsymbol{u}(k) \;, \tag{6.77}$$

$$\boldsymbol{y}(k) = \boldsymbol{C}\boldsymbol{x}(k) \;,$$

$$\boldsymbol{y}_w(k) \stackrel{!}{=} \boldsymbol{y}_w \;, \tag{6.78}$$

wobei das System den festen Sollwert $\boldsymbol{y}_w$ einhalten soll. Das Problem läßt sich durch eine geeignete Koordinatentransformation auf die Form des in den vorstehenden Abschnitten behandelten Standardproblems des linearen Optimalreglers überführen. Aus (6.77) folgt zunächst:

$$\boldsymbol{y}_w = \boldsymbol{C}\boldsymbol{x}_w \,, \tag{6.79}$$

wobei mit $\boldsymbol{x}_w$ der stationäre Wert des Zustandvektors bezeichnet ist, der $\boldsymbol{y}_w$ erzeugt. Dies legt diese Variablen-Substitution nahe:

$$\begin{aligned} \boldsymbol{x}'(k) &= \boldsymbol{x}(k) - \boldsymbol{x}_w, \\ \boldsymbol{y}'(k) &= \boldsymbol{y}(k) - \boldsymbol{y}_w, \\ \boldsymbol{u}'(k) &= \boldsymbol{u}(k) - \boldsymbol{u}_w \,, \end{aligned} \tag{6.80}$$

wobei $\boldsymbol{u}_w$ die noch zu bestimmende Steuerung ist, die dem Sollwert $\boldsymbol{y}_w$ zugeordnet ist. Mit diesen Variablen läßt sich dann wieder ein Standardproblem mit dem Kriterium:

$$J(\boldsymbol{y}', \boldsymbol{u}') = \sum_{k=0}^{\infty} [\boldsymbol{y}'^T(k+1)\, \boldsymbol{Q}_1 \boldsymbol{y}'(k+1) + \boldsymbol{u}'^T(k)\, \boldsymbol{R}\boldsymbol{u}'(k)] \tag{6.81}$$

definieren. Die stationäre Lösung dieses Problems lautet mit der stationären Rückführmatrix $\bar{\boldsymbol{K}}$

$$\boldsymbol{u}'(k) = -\bar{\boldsymbol{K}}\boldsymbol{x}'(k) \tag{6.82}$$

und in den ursprünglichen Variablen:

$$\boldsymbol{u}(k) = -\bar{\boldsymbol{K}}\boldsymbol{x}(k) + \boldsymbol{u}_w + \bar{\boldsymbol{K}}\boldsymbol{x}_w \tag{6.83}$$

bzw.
$$\boldsymbol{u}(k) = -\bar{\boldsymbol{K}}\boldsymbol{x}(k) + \boldsymbol{u}_w' \,, \tag{6.84}$$

worin $\boldsymbol{u}_w'$ ein konstanter Vektor ist. Für den optimalen Regelkreis gilt dann:

$$\boldsymbol{x}(k+1) = \bar{\boldsymbol{A}}\boldsymbol{x}(k) + \boldsymbol{B}\boldsymbol{u}_w' \tag{6.85}$$

mit
$$\bar{\boldsymbol{A}} = \boldsymbol{A} - \boldsymbol{B}\bar{\boldsymbol{K}} \,. \tag{6.86}$$

Unter der Voraussetzung, daß der geschlossene Regelkreis stabil ist, erhält man mit

$$\boldsymbol{F}_g(z) = \boldsymbol{C}\,[z\boldsymbol{I} - \bar{\boldsymbol{A}}]^{-1}\boldsymbol{B} \tag{6.87}$$

für den stationären Wert im eingeschwungenen Zustand:

$$\begin{aligned} \lim_{k\to\infty} \boldsymbol{y}(k) &= \lim_{z\to 1}\, (z-1)\, \boldsymbol{F}_g(z)\, \frac{z\boldsymbol{u}_w'}{(z-1)} \\ &= \boldsymbol{F}_g(1)\, \boldsymbol{u}_w' \,, \end{aligned} \tag{6.88}$$

wobei die konstante Eingangsgröße $\boldsymbol{u}_w$ mit der Korrespondenz 3 in Tabelle

A 4.2 (Einführungsband [SW 6]) notiert und der Grenzwertsatz (Korrespondenz 16 in Tabelle A 4.1) benutzt wurden. Hat das System gleichviel Ein- und Ausgänge $\boldsymbol{u}(k)$ bzw. $\boldsymbol{y}(k)$ und ist die Übertragungsmatrix $\boldsymbol{F}_g(z)$ nichtsingulär, dann kann $\boldsymbol{u}'_w$ durch den vorgegebenen Sollwert $\boldsymbol{y}_w$ bestimmt werden zu

$$\boldsymbol{u}'_w = \boldsymbol{F}_g^{-1}(1)\, \boldsymbol{y}_w \,. \tag{6.89}$$

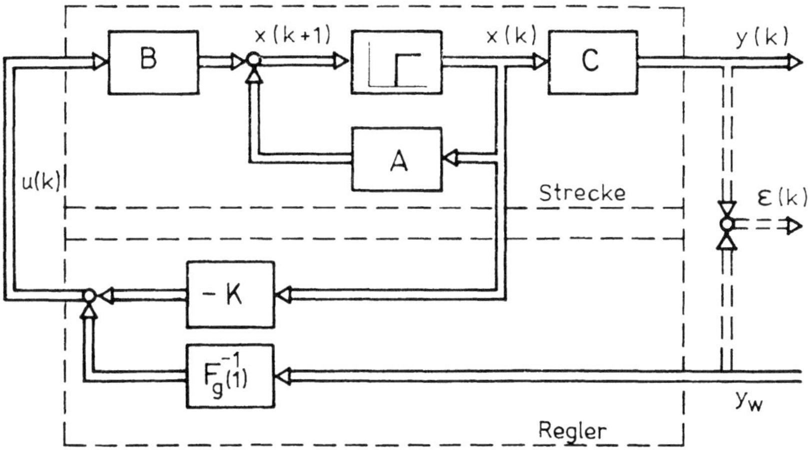

Bild 6.6. Struktur des optimalen Reglers mit Sollwert $y_w \neq 0$

Damit erhalten die gesuchte optimale Steuerung die Form

$$\boldsymbol{u}(k) = -\bar{\boldsymbol{K}}\boldsymbol{x}(k) + \boldsymbol{F}_g^{-1}(1)\, \boldsymbol{y}_w \tag{6.90}$$

und das optimale Regelungssystem die Struktur nach Bild 6.6. Die Existenz dieser Steuerung hängt wesentlich von der Existenz der Inversen von $\boldsymbol{F}_g(1)$ ab. Für das geschlossene System gilt:

$$|\boldsymbol{F}_g(z)| = \frac{Z(z)}{C_g(z)}\,, \tag{6.91}$$

worin $C_g(z)$ das charakteristische Polynom des geschlossenen Systems

$$C_g(z) = |z\boldsymbol{I} - \boldsymbol{A} + \boldsymbol{B}\bar{\boldsymbol{K}}| \tag{6.92}$$

und $Z(z)$ das Zählerpolynom auch des offenen Systems sind:

$$|F(z)| = |\boldsymbol{C}\,[z\boldsymbol{I} - \boldsymbol{A}]^{-1}\boldsymbol{B}| = \frac{Z(z)}{C(z)}\,, \tag{6.93}$$

mit $\quad C(z) = |z\boldsymbol{I} - \boldsymbol{A}|\,. \tag{6.94}$

Damit ist zu erkennen, daß $\boldsymbol{F}_g^{-1}(z)$ existiert, wenn $\mathrm{Z}(1) \neq 0$ gilt.

Wir fassen die vorstehenden Ergebnisse zusammen:

Satz 6.7:

Gegeben sei das vollständig steuerbare und beobachtbare zeitinvariante System:

$$\boldsymbol{x}\,(k+1)=\boldsymbol{A}\boldsymbol{x}(k)+\boldsymbol{B}\boldsymbol{u}(k), \quad \boldsymbol{u}\in \mathsf{R}_p\,, \tag{6.95}$$
$$\boldsymbol{y}(k)=\boldsymbol{C}\boldsymbol{x}(k), \qquad \boldsymbol{y}\in \mathsf{R}_p\,,$$

sowie ein beliebiges Regelgesetz, das auf ein asymptotisch stabiles System führt

$$\boldsymbol{u}(k)=-\boldsymbol{K}\boldsymbol{x}(k)+\boldsymbol{u}_w'\,. \tag{6.96}$$

Die Übertragungsmatrizen des offenen und geschlossenen Systems werden beschrieben durch:

$$\boldsymbol{F}(z)=\boldsymbol{C}\,(z\boldsymbol{I}-\boldsymbol{A})^{-1}\boldsymbol{B} \tag{6.97}$$

$$\boldsymbol{F}_g(z)=\boldsymbol{C}\,(z\boldsymbol{I}-\boldsymbol{A}+\boldsymbol{B}\boldsymbol{K})^{-1}\boldsymbol{B}\,. \tag{6.98}$$

Dann ist $\boldsymbol{F}_g(z)$ nichtsingulär, und das System wird asymptotisch auf jedem konstanten Sollwert $\boldsymbol{y}_w$ gehalten dann und nur dann, wenn $\boldsymbol{F}(z)$ keine Nullstelle an der Stelle $z=1$ hat.

Es sei darauf hingewiesen, daß der vorstehende Satz nicht nur für ein optimales Regelgesetz, sondern für jedes stabile Regelgesetz gilt.

Die vorstehenden Ergebnisse können auch zur Behandlung des Problems mit konstanten Störgrößen herangezogen werden. Das System sei beschrieben durch

$$\boldsymbol{x}\,(k+1)=\boldsymbol{A}\boldsymbol{x}(k)+\boldsymbol{B}\boldsymbol{u}(k)+\boldsymbol{n}_0\,, \tag{6.99}$$
$$\boldsymbol{y}(k)=\boldsymbol{C}\boldsymbol{x}(k)\,,$$

worin $\boldsymbol{n}_0$ ein konstanter Vektor ist. Werden wieder koordinatenverschobene Variable $\boldsymbol{x}'(k)$ und $\boldsymbol{u}'(k)$ eingeführt, dann kann die Steuerung, die die Störung $\boldsymbol{n}_0$ abbaut, analog zu der vorstehenden Vorgehensweise in der Form von (6.84) notiert werden zu

$$\boldsymbol{u}(k)=-\bar{\boldsymbol{K}}\boldsymbol{x}(k)+\boldsymbol{u}_0'\,. \tag{6.100}$$

Für das optimale System gilt dann:

$$\boldsymbol{x}\,(k+1)=(\boldsymbol{A}-\boldsymbol{B}\bar{\boldsymbol{K}})\,\boldsymbol{x}(k)+\boldsymbol{B}\boldsymbol{u}_0'+\boldsymbol{n}_0\,, \tag{6.101}$$
$$\boldsymbol{y}(k)=\boldsymbol{C}\boldsymbol{x}(k)$$

oder nach Einführung der z-Transformation:

$$\lim_{k\to\infty}\boldsymbol{y}(k)=\boldsymbol{F}_g(1)\,\boldsymbol{u}_0'+\boldsymbol{C}\,(\boldsymbol{I}-\bar{\boldsymbol{A}})^{-1}\,\boldsymbol{n}_0 \tag{6.102}$$

mit $\bar{\boldsymbol{A}} = \boldsymbol{A} - \boldsymbol{BK}$, (6.103)

$$\boldsymbol{F}_g(z) = \boldsymbol{C}\,(z\boldsymbol{I} - \boldsymbol{A} + \boldsymbol{BK})^{-1}B\,. \tag{6.104}$$

Die stationäre Ausgangsgröße kann zu Null gemacht werden, wenn für $\boldsymbol{u}_0'$ gewählt wird:

$$\boldsymbol{u}_0' = -\boldsymbol{F}_g^{-1}(1)\cdot\boldsymbol{C}\,(\boldsymbol{I} - \bar{\boldsymbol{A}})^{-1}\,\boldsymbol{n}_0\,. \tag{6.105}$$

Die Voraussetzungen für die Existenz von $\boldsymbol{F}_g^{-1}(1)$ sind in Satz 6.7 festgehalten. Damit ist die optimale Regelung für die Unterdrückung konstanter Störungen gegeben zu:

$$\boldsymbol{u}(k) = -\bar{\boldsymbol{K}}\boldsymbol{x}(k) - \boldsymbol{F}_g^{-1}(1)\,\boldsymbol{C}\,(\boldsymbol{I} - \bar{\boldsymbol{A}})^{-1}\,\boldsymbol{n}_0\,. \tag{6.106}$$

Die vorstehend entwickelte optimale Steuerung zur Ausregelung konstanter Störungen hat den wesentlichen Nachteil, daß zu ihrer Anwendung die Störgrößen gemessen werden müssen. Dies kann vermieden werden, wenn analog zu einer integralen Rückführung bei kontinuierlichen Systemen das System um einen Zustand $\boldsymbol{q}$ erweitert wird [KS]

$$\boldsymbol{q}\,(k+1) = \boldsymbol{q}(k) + \boldsymbol{y}(k), \quad \boldsymbol{q}_0 = \boldsymbol{q}(0)\,. \tag{6.107}$$

Es kann dann gezeigt werden, daß jedes asymptotisch stabile Regelgesetz der Form

$$\boldsymbol{u}(k) = -\boldsymbol{K}_1\boldsymbol{x}(k) - \boldsymbol{K}_2\boldsymbol{q}(k) \tag{6.108}$$

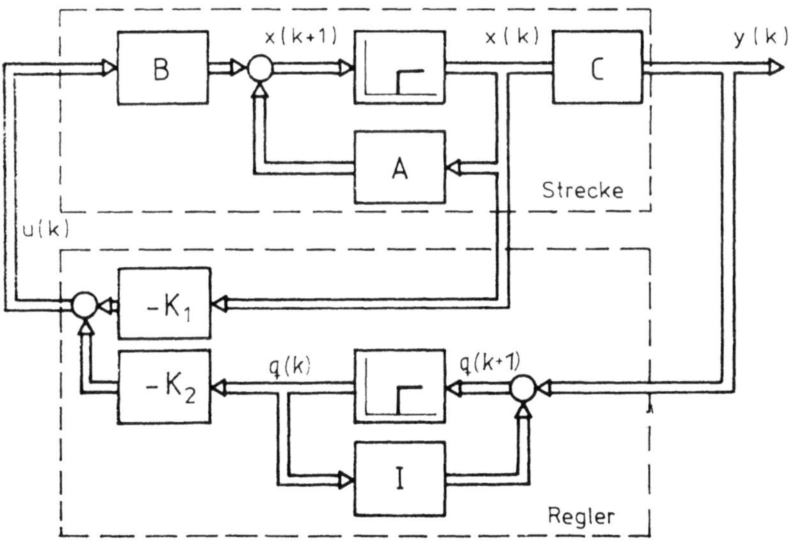

Bild 6.7. Zur Erläuterung der Gln. (6.107) und (6.108)

(Bild 6.7) für $k \to \infty$ jede beliebige konstante Störung $\boldsymbol{n}_0$ zum Verschwinden bringt.

Notwendig und hinreichend für die Existenz einer solchen stabilen Regelung ist, daß das gegebene System vollständig steuerbar ist, dim $\boldsymbol{u}$ = dim $\boldsymbol{y}$ ist und die Übertragungsmatrix des offenen Systems $\boldsymbol{F}(z) = \boldsymbol{C}\,(z\boldsymbol{I} - \boldsymbol{A})^{-1}\boldsymbol{B}$ keine Nullstellen im Ursprung der z-Ebene hat.

Zum Abschluß dieses Abschnittes betrachten wir noch das asymptotische Verhalten des Folgeregelkreises, wenn ein Optimalregler mit dem zu (6.43) analogen Kriterium

$$J(\boldsymbol{y}, \boldsymbol{u}) = \sum_{k=0}^{\infty} \boldsymbol{y}^T\,(k+1)\,\boldsymbol{Q}_1\boldsymbol{y}\,(k+1) + \boldsymbol{u}^T(k)\,\varrho\boldsymbol{R}\boldsymbol{u}(k) \tag{6.109}$$

entworfen wird. Für das Eingrößensystem läßt sich dann die Führungsübertragungsfunktion leicht aus Bild 6.6 ablesen zu:

$$F_w(z) = \frac{F_g(z)}{F_g(1)} \tag{6.110}$$

mit der Übertragungsfunktion des geschlossenen Regelkreises

$$F_g(z) = \boldsymbol{C}\,(z\boldsymbol{I} - \boldsymbol{A} + \boldsymbol{B}\boldsymbol{K})^{-1}\boldsymbol{B} = \frac{Z(z)}{C_g(z)}\,. \tag{6.111}$$

Wir notieren das Zähler- und Nennerpolynom wieder wie folgt

$$Z(z) = \alpha z^{m-s} \prod_{j=1}^{s} (z - \nu_j)\,, \tag{6.112}$$

$$C_g(z) = |zI - \boldsymbol{A} + \boldsymbol{B}k| = z^{n-r} \prod_{i=1}^{r} (z - \pi_i)\,. \tag{6.113}$$

Für $C_g(z)$ folgt aber für den Grenzfall $\varrho \to 0$ in (6.109) mit den Ergebnissen von Satz 6.5

$$C_g(z) = z^{n-s} \prod_{i=1}^{s} (z - \hat{\nu}_i)\,, \tag{6.114}$$

so daß zusammen mit (6.112) für (6.110) geschrieben werden kann:

$$F_w(z) = \frac{1}{z^{n-m}} \prod_{i=1}^{s} \frac{(z-\nu_i)}{(z-\hat{\nu}_i)} \prod_{j=1}^{r} \frac{(1-\hat{\nu}_j)}{(1-\nu_j)}\,. \tag{6.115}$$

Hatte das offene System nur Nullstellen im Inneren des Einheitskreises, dann kürzen sich alle Pol- und Nullstellen, und wir erhalten für den asymptotischen Grenzfall

$$F_w(z) = \frac{1}{z^{n-m}}\,. \tag{6.116}$$

Dies ist aber die Übertragungsfunktion eines $(n-m)$-stufigen Verzögerungsgliedes, so daß für den Zusammenhang zwischen der Regelgröße $y(k)$ und einer (variablen) Führungsgröße $y_w(k)$ im Zeitbereich gilt:

$$y(k)=y_w(k-(n-m)) \ . \tag{6.117}$$

Das gefundene Ergebnis wird zusammengefaßt:

Satz 6.8:

Gegeben sei ein Optimalregelgesetz für Stellgrößen $\boldsymbol{y}_w \neq 0$ entsprechend Satz 6.7 für ein Eingrößensystem mit $Q_1=1$ und $R=1$ in (6.109). Dann strebt die Führungsübertragungsfunktion mit $\varrho \rightarrow 0$ gegen

$$F_w(z)=\frac{1}{z^{n-m}} \prod_{i=1}^{s} \frac{(z-\nu_i)}{(z-\hat{\nu}_i)} \prod_{j=1}^{s} \frac{(1-\hat{\nu}_j)}{(1-\nu_j)} \tag{6.118}$$

mit $$\hat{\nu}_i=\begin{cases} \nu_i & \text{für} \quad |\nu_i| \leq 1, \\ 1/\nu_i & \text{für} \quad |\nu_i| > 1 \, , \end{cases} \tag{6.119}$$

worin n der Grad des Nennerpolynoms und m der des Zählerpolynoms sind. Ist die Regelstrecke ein zeitdiskretes Phasenminimumsystem, dann lautet die Führungsübertragungsfunktion im Grenzfall

$$F_w(z)=\frac{1}{z^{n-m}} \tag{6.120}$$

und stellt eine reine Zeitverzögerung dar.

7. Zeitdiskrete Filter

7.1. Einführung

Regler in einem Regelkreis sollen die Regelgrößen auf vorgegebenen Werten halten und dabei den auf die Regelstrecke einwirkenden Störungen entgegenwirken. Damit dient der Regler auch als Mittel zur Beeinflussung der Signalübertragungseigenschaften eines dynamischen Systems. Auch zeitdiskrete Systeme und speziell zeitdiskrete Regelungssysteme verarbeiten angebotene Signalfolgen in Abhängigkeit der System- und Signaleigenschaften in unterschiedlicher Weise: gewisse Signale werden stark unterdrückt, andere passieren wenig verändert. Genau wie ein kontinuierliches System kann deshalb ein zeitdiskretes System in Bezug auf seine Filterwirkung für Signale beschrieben werden. Im folgenden werden wesentliche Eigenschaften zeitdiskreter Filter zusammengestellt, da diese bei zeitdiskreten Regelungssystemen unter diesen Gesichtspunkten Bedeutung haben:

- Übertragungseigenschaften eines Regelkreises für Stör- und Führungssignale,
- Aufbereitung von Meßwerten durch zeitdiskrete (digitale) Systeme,
- Trennung von Stör- und Nutzsignalen mittels zeitdiskreter Filter,
- Schätzsysteme (Filter- und Beobachter) für Zustandsgrößen zur Realisierung von Zustandsregelgesetzen.

Die technische Realisierung von zeitdiskreten Filtern wird mittels moderner Digitaltechnik in Form speziell entwickelter Elektronik oder durch Programmierung von Prozeß- und Mikrorechnern vorgenommen.

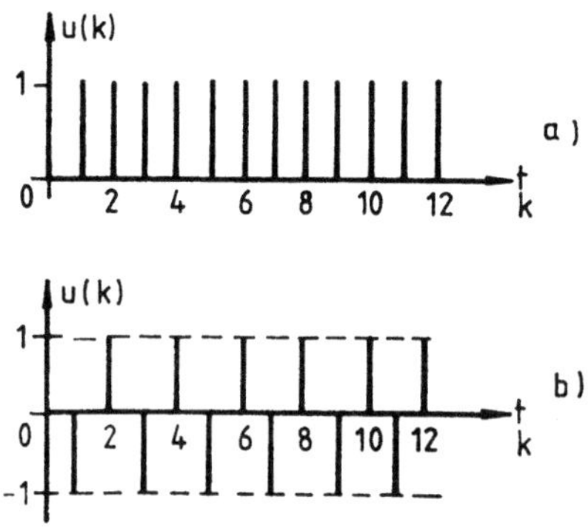

Bild 7.1. Zur Illustration
a) eines niederfrequenten, b) eines hochfrequenten zeitdiskreten Signals

Auch im Bereich der zeitdiskreten Filter können wie bei kontinuierlichen Systemen drei Klassen von Filtern, a) Tiefpass-, b) Hochpass- und c) Bandpassfilter, unterschieden werden. Bevor im nächsten Abschnitt ein direkter Zusammenhang zu dem Frequenzbegriff bei kontinuierlichen Signalen hergestellt wird, soll dieser Begriff hier auf anschauliche Weise erhellt werden. Im Bild 7.1 sind im Teilbild a) das zeitdiskrete Signal mit der niedrigsten Frequenz bei gegebener Abtastzeit $T=t_{k+1}-t_k$, nämlich die diskrete Schaltfunktion oder Einheitsimpulsfolge

$$u(k)=u(t_k)=1(k), \quad k=0, 1, 2, \ldots, \tag{7.1}$$

und im Gegensatz dazu in Teilbild b) das Signal mit der höchsten Frequenz bei gegebener Taktzeit T, das alternierende Einheitssignal, dargestellt:

$$u(k)=(-1)^k, \quad k=0, 1, 2, \ldots. \tag{7.2}$$

Wir betrachten nun die Reaktion eines Eingrößensystems 1. Ordnung

$$x(k+1)=ax(k)+bu(k) \tag{7.3}$$

auf diese beiden Signaltypen. Mit (2.23) und (2.31) (s. Einführungsband [SW 6]) lautet die Gewichtsfolge des Systems:

$$g(k)=ba^{k-1}, \quad k=1, 2, \ldots \tag{7.4}$$

Die Faltungssummation (2.7a) liefert dann die Systemantwort auf den Einheitssprung:

$$\begin{aligned} x(k) &= \sum_{i=1}^{k} g(i)\, u\,(k-i) \\ &= \sum_{i=1}^{k} ba^{i-1} 1\,(k-i) \\ &= b\sum_{i=1}^{k} a^{(i-1)}, \quad k=1, 2, \ldots \end{aligned} \tag{7.5}$$

Mit der Summenformel für die Potenzreihe:

$$\sum_{i=0}^{l} r^i = \frac{1-r^{l+1}}{1-r}$$

folgt aus (7.5) auch:

$$x(k)=b\,\frac{1-a^k}{1-a}, \quad k=1, 2, \ldots, \tag{7.6}$$

und für hinreichend große k (im eingeschwungenen Zustand) für das stabile System ($|a|<1$):

$$x(k)=\frac{b}{1-a}\,. \tag{7.7}$$

Für das alternierende Einheitssignal (7.2) erhalten wir über die Faltungssummation zunächst für das Ausgangssignal

$$\begin{aligned} x(k) &= (-1)^{k-1} b \sum_{i=0}^{k-1} (-a)^i \\ &= (-1)^{k-1} b \frac{1-(-a)^k}{1+a} \end{aligned} \tag{7.8}$$

und für $|a| < 1$ bei hinreichend großem k:

$$x(k) \approx \frac{b}{1+a} (-1)^{k-1} . \tag{7.9}$$

Aus (7.7) und (7.9) ist zu erkennen, daß im eingeschwungenen Zustand die Sprungantwort ein diskretes Einheitssprungsignal mit der Amplitude $\frac{b}{1-a}$ und die Antwort auf das alternierende Einheitssignal wieder ein alternierendes Einheitssignal der Amplitude $\frac{b}{1+a}$ ist. Die Amplituden hängen wesentlich von dem Verstärkungsfaktor und letztlich von der Lage des Eigenwertes a auf der reellen Achse ab. Da nur stabile Systeme betrachtet werden, muß gelten $-1 \leqq a \leqq +1$. Liegt a in der Nähe (unterhalb) von $+1$, ist das System besonders empfindlich für Sprungsignale, hat also ausgeprägtes Tiefpassverhalten. Umgekehrt erhält das System für Werte von a knapp oberhalb von -1 ein ausgeprägtes Hochpaßverhalten. Der Zusammenhang zwischen Filtereigenschaften und Systemkenngrößen wird im folgenden ausführlicher dargestellt, wobei in den nächsten Abschnitten zunächst nur die Eigenschaften von zeitdiskreten Filtern in bezug auf deterministische Signale behandelt werden. Weiter unten in Kapitel 8 werden die Überlegungen dann auf stochastische Signale und deren Verarbeitung ausgedehnt.

7.2. Abtastung kontinuierlicher Signale

Um einen Zusammenhang zu den Verhältnissen bei kontinuierlichen Systemen und Signalen herzustellen, wird zunächst auf das von SHANNON [SH] eingeführte Abtasttheorem eingegangen. Wir betrachten hierzu den gleichförmigen Abtastvorgang eines kontinuierlichen Signals $f(t)$ durch einen realen Schalter (Bild 7.2). Der Schalter (im Bild 7.2a) möge gleichförmig mit der Abtastperiode T schließen und jeweils für die Zeit p (Pulsbreite) geschlossen bleiben. Dieser Schaltvorgang (Bild 7.2c) kann durch eine Impulsreihe in der Form:

$$p(t) = \sum_{k=-\infty}^{+\infty} [1\,(t-KT) - 1\,(t-KT-p)] \quad (p < T) \tag{7.10}$$

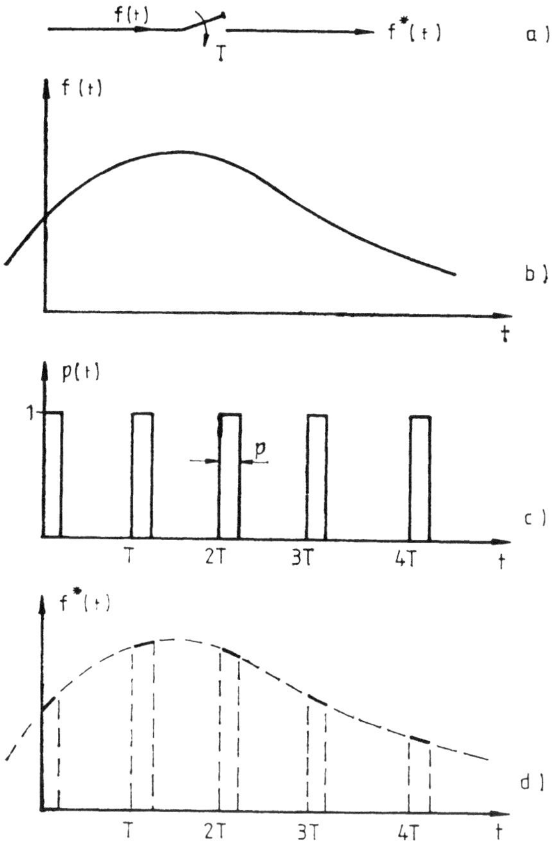

Bild 7.2. Gleichförmige Abtastung eines kontinuierlichen Signals $f(t)$ durch einen realen Schalter mit der Schaltfunktion $p(t)$

beschrieben werden. Das abgetastete Signal $f^*(t)$ hinter dem Schalter ist dann als Ergebnis eines Modulationsvorganges des Signals $f(t)$ mit dem Träger $p(t)$ zu deuten:

$$f^*(t) = f(t) \cdot p(t) \tag{7.11 a}$$

oder

$$f^*(t) = f(t) \sum_{k=-\infty}^{\infty} [1\,(t-KT) - 1\,(t-KT-p)]\,, \tag{7.11 b}$$

womit der Abtastvorgang im Zeitbereich exakt beschrieben ist. Es wird nun dieser Vorgang mittels der Fourier-Theorie im Frequenzbereich diskutiert. Die Impulsreihe $p(t)$ ist eine periodische Funktion der Periode T, die durch die Fourier-Reihe

$$p(t) = \sum_{n=-\infty}^{\infty} C_n e^{in\omega_0 t} \tag{7.12}$$

in der komplexen Notierung beschreibbar ist, mit

$$\omega_0 = \frac{2\pi}{T} \tag{7.13}$$

und den komplexen FOURIER-Koeffizienten

$$C_n = \frac{1}{T} \int_0^T p(t)\, \mathrm{e}^{-in\omega_0 t} \mathrm{d}t, \quad n = \ldots -2, -1, 0, 1, 2, \ldots \tag{7.14}$$

Wird dieses Integral für $p(t)$ nach (7.10) ausgewertet, wird gefunden:

$$C_n = \frac{1}{T} \int_0^T [1(t) - 1\,(t-p)]\, \mathrm{e}^{-in\omega_0 t} \mathrm{d}t = \frac{1}{T} \int_0^p \mathrm{e}^{-in\omega_0 t} \mathrm{d}t$$

$$= \frac{1 - \mathrm{e}^{-in\omega_0 p}}{in\omega_0 T} = \frac{p}{T} \frac{1 - \mathrm{e}^{-in\omega_0 p}}{in\omega_0 p}, \quad n = \ldots -2, -1, 0, 1, 2, \ldots, \tag{7.15}$$

oder nach einer trigonometrischen Umformung:

$$C_n = \frac{p}{T} \frac{\sin(n\omega_0 p/2)}{n\omega_0 p/2} \mathrm{e}^{-in\omega_0 p/2}, \quad n = \ldots -2, -1, 0, 1, 2, \ldots \tag{7.15b}$$

Die Kombination von (7.11a) und (7.12) ergibt zunächst für das abgetastete Signal

$$f^*(t) = f(t) \sum_{n=-\infty}^{\infty} C_n \mathrm{e}^{-in\omega_0 t}. \tag{7.16}$$

Wird hierauf die FOURIER-Transformation [FO] angewendet:

$$F^*(\omega) = \mathfrak{F}v\{^*(t)\} = \int_{-\infty}^{\infty} f^*(t)\, \mathrm{e}^{-i\omega t} \mathrm{d}t, \tag{7.17}$$

dann folgt unter der Voraussetzung, daß zu $f(t)$ die FOURIER-Transformierte

$$F(\omega) = \mathfrak{F}\{f(t)\}$$

existiert, mit den Rechenregeln der FOURIER-Transformation (insbesondere dem Verschiebungssatz):

$$F^*(\omega) = \sum_{n=-\infty}^{\infty} C_n F(\omega - n\omega_0) = \sum_{n=-\infty}^{\infty} C_n F(\omega + n\omega_0). \tag{7.18}$$

Über $\frac{\sin x}{x} = \frac{1}{x}\left[x - \frac{x^3}{3!} + - \ldots\right] = \left[1 - \frac{x^2}{3!} + - \ldots\right]$ folgt aus (7.15b)

$$C_0 = \lim_{n \to 0} C_n = \frac{p}{T} \tag{7.19}$$

und damit aus (7.18):

$$F^*(\omega)\,|_{n=0} = C_0 F(\omega) = \frac{p}{T}\,F(\omega)\,, \tag{7.20}$$

die wichtige Tatsache, daß das Frequenzspektrum des ursprünglichen kontinuierlichen Signals vollständig im abgetasteten Signal – allerdings mit der um p/T abgeschwächten Amplitude – vorhanden ist.

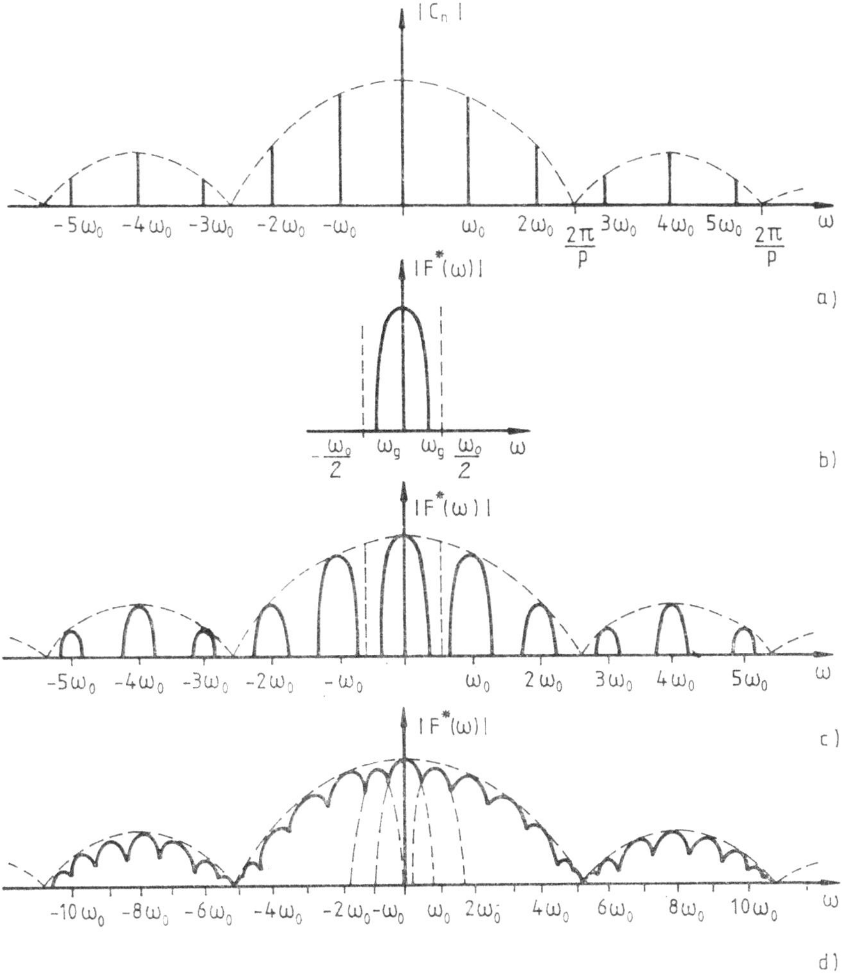

Bild 7.3. Amplitudenspektren
a) der Impulsreihe $p(t)$, b) des kontinuierlichen Impulses $f(t)$, c) und d) des abgetasteten Signals $f^*(t)$

Für $n \neq 0$ ist C_n eine komplexe Größe, deren Betrag angegeben werden kann zu:

$$|C_n| = \frac{p}{T} \left| \frac{\sin(n\omega_0 p/2)}{n\omega_0 p/2} \right| . \tag{7.21}$$

Für den Betrag des Spektrums $F^*(\omega)$:

$$|F^*(\omega)| = \left| \sum_{n=-\infty}^{\infty} C_n F(\omega + n\omega_0) \right| \tag{7.22}$$

gilt dann ferner:

$$|F^*(\omega)| \leqq \sum_{n=-\infty}^{\infty} |C_n| \, |F(\omega + n\omega_0)| . \tag{7.23}$$

Während die Impulsreihe $p(t)$ ein diskretes Linienspektrum mit den Gewichtungen C_n hat (Bild 7.3a), sind die Spektren von $f(t)$ und damit auch von $f^*(t)$ kontinuierlich (Bild 7.3b–d). Dabei enthält das Spektrum von $f^*(t)$ nicht nur das Grundspektrum von $f(t)$, sondern auch noch die verschobenen Spektren $F(\omega \pm n\omega_0)$, $n = 1, 2, \ldots$ Die Teilbilder 7.3c) und d) unterscheiden sich durch das angenommene Verhältnis der Abtastfrequenz ω_0 zu der oberen Grenzfrequenz ω_g des kontinuierlichen Signals $f(t)$. Im Teilbild c) ist angenommen, daß $\omega_g < \frac{\omega_0}{2}$. Für $\omega_0 < 2\omega_g$ überlappen sich die Teilfrequenzbänder, wie im Teilbild d) dargestellt, und aus dem Spektrum des abgetasteten Signals kann nicht mehr auf das kontinuierliche Signal zurückgeschlossen werden. Die in Teilbild c) angedeuteten Verhältnisse lassen sich präzisieren:

Satz 7.1:
(SHANNONsches Abtasttheorem):
Ist das kontinuierliche Signal $f(t)$ bandbegrenzt mit ω_g:

$$F(\omega) = 0 \quad \text{für} \quad |\omega| > \omega_g \tag{7.24}$$

und gilt $\omega_0 \geqq 2\omega_g$ bzw. $T \leqq \frac{\pi}{\omega_g}$, dann kann aus den abgetasteten Werten $f^*(t)$ das ursprüngliche Signal $f(t)$ rekonstruiert werden.

Der Beweis kann so erfolgen: für ein bandbegrenztes Signal (Bild 7.4) mit (7.24) gilt für die inverse FOURIER-Transformation:

$$f(t) = \frac{1}{2\pi} \int_{-\infty}^{+\infty} F(\omega)\, e^{j\omega t} d\omega = \frac{1}{2\pi} \int_{-\omega_g}^{\omega_g} F(\omega)\, e^{j\omega t} d\omega . \tag{7.25}$$

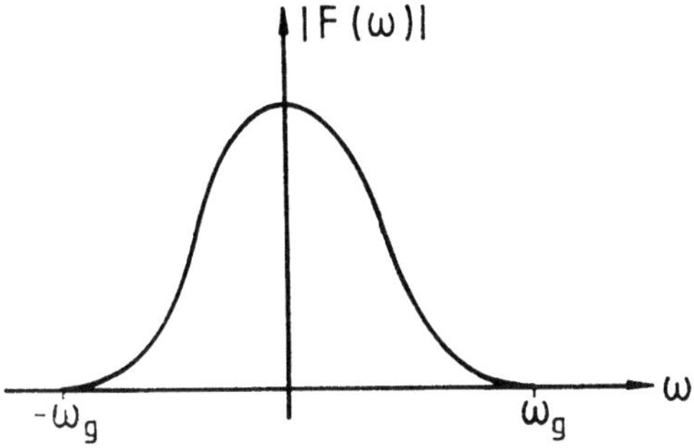

Bild 7.4. Amplitudenspektrum eines bandbegrenzten Signals

Wird das Spektrum $F(\omega)$ periodisch über die ω-Achse fortgesetzt gedacht, dann kann es in eine FOURIER-Reihe entwickelt werden

$$F(\omega) = \sum_{n=-\infty}^{+\infty} C_n e^{-in\frac{\pi}{\omega_g}\cdot\omega} \tag{7.26}$$

mit den komplexen FOURIER-Koeffizienten

$$C_n = \frac{1}{2\omega_g} \int_{-\omega_g}^{\omega_g} F(\omega)\, e^{in\frac{\pi}{\omega_g}\omega}\, d\omega\,. \tag{7.27}$$

Einsetzen von (7.26) in (7.25) ergibt:

$$f(t) = \frac{1}{2\pi} \int_{-\omega_g}^{\omega_g} \sum_{n=-\infty}^{+\infty} C_n e^{-in\frac{\pi\omega}{\omega_g}} \cdot e^{i\omega t} d\omega$$

$$= \sum_{n=-\infty}^{+\infty} \frac{C_n}{2\pi} \int_{-\omega_g}^{\omega_g} e^{i\omega\left(t-\frac{n\pi}{\omega_g}\right)} d\omega$$

$$= \sum_{n=-\infty}^{+\infty} \frac{C_n}{2\pi} \frac{e^{i(\omega_g t-n\pi)} - e^{-i(\omega_g t-n\omega)}}{i\left(t-\frac{n\pi}{\omega_g}\right)}$$

$$= \sum_{n=-\infty}^{\infty} \frac{C_n\omega_g}{\pi} \cdot \frac{\sin(\omega_g t-n\pi)}{\omega_g t-n\pi}\,. \tag{7.28}$$

Ein Vergleich von (7.27) und (7.25) legt die Substitution $t=\frac{n\pi}{\omega_g}$ nahe, womit gilt:

$$f\left(\frac{n\pi}{\omega_g}\right) = \frac{\omega_g C_n}{\pi}\,. \tag{7.29}$$

Dies in (7.28) eingesetzt ergibt eine Reihendarstellung der bandbegrenzten Zeitfunktion $f(t)$:

$$f(t) = \sum_{n=-\infty}^{\infty} f\left(\frac{n\pi}{\omega_g}\right) \frac{\sin(\omega_g t - n\pi)}{\omega_g t - n\pi}, \tag{7.30}$$

die als Kardinalreihe bezeichnet wird. Die Beziehung (7.30) ist genau die Vorschrift, mit der ein im Zeitabstand $T = \frac{\pi}{\omega_g}$ gleichförmig abgetastetes Zeitsignal $f(t)$ rekonstruiert werden kann.

Mit $T = \frac{\pi}{\omega_g}$ kann (7.30) auch geschrieben werden

$$f(t) = \sum_{n=-\infty}^{\infty} f(nT) \frac{\sin \omega_g (t - nT)}{\omega_g (t - nT)}, \tag{7.30a}$$

eine Beziehung, die als Faltungssummation für ein System mit der Gewichtsfunktion (Bild 7.5):

$$g(t) = \frac{\sin \omega_g t}{\omega_g t} \tag{7.31}$$

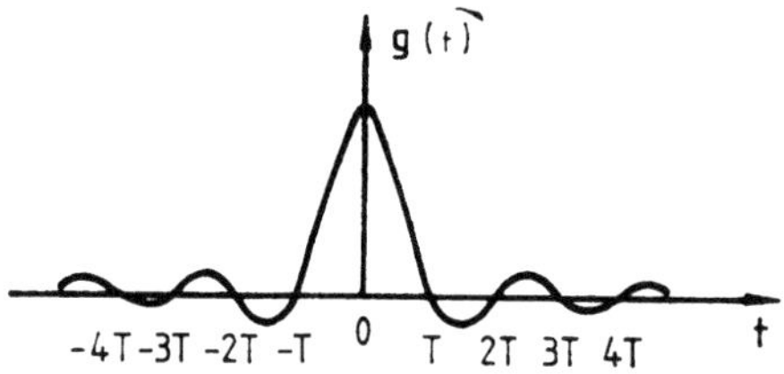

Bild 7.5. Darstellung der Gewichtsfunktion Gl. (7.31)

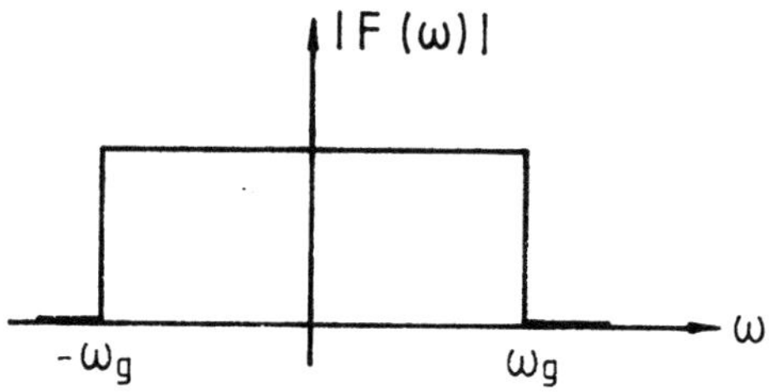

Bild 7.6. Amplitudenspektrum des idealen Tiefpasses

gedeutet werden kann. Das zugehörige Spektrum ist das eines idealen Tiefpassfilters (Bild 7.6). Aus (7.31) bzw. Bild 7.5 wird deutlich, daß ein idealer Tiefpass mit der zugehörigen Gewichtsfunktion physikalisch nicht realisierbar ist, da das so beschriebene System nicht kausal, da antizipierend ist. Läßt man aber eine hinreichend große ideale Totzeit zu, dann kann das zur Rekonstruktion eines bandbegrenzten Zeitsignals aus den Abtastwerten notwendige ideale Tiefpassfilter hinreichend angenähert werden. Unter praktischen Gesichtspunkten erhält man eine gute Approximation, wenn die Folge $\{f(KT)\}$ einem Halteglied 0-ter Ordnung zugeführt wird. Die Antwort dieses Systems ist bekanntlich eine Treppenfunktion, die an den Stellen $t=KT$ exakt mit dem abgetasteten Signal $f(t)$ übereinstimmt. Durch ein nachgeschaltetes kontinuierliches Glättungsfilter läßt sich dann eine hinreichend gute Annäherung an das ursprüngliche Signal $f(t)$ erreichen.

7.3. Frequenzgang zeitdiskreter Filter

Im vorstehenden Abschnitt wurde dargestellt, daß das Frequenzspektrum eines kontinuierlichen Signals eine fundamentale Rolle bei der Festlegung der Abtastzeit einer gleichförmigen Abtastung spielt. Bei typischer Anwendung vor allem auch in der Meß- und Regelungstechnik werden kontinuierliche Signale abgetastet und dann einer gewissen Datenverarbeitung mittels linearer zeitdiskreter Systeme unterworfen. Eine wesentliche Beurteilung dieser Systeme besteht darin festzustellen, wie Signalfolgen unterschiedlichen Spektralgehaltes durch diese zeitdiskreten Systeme übertragen werden. Dazu werden Frequenzgangfunktionen herangezogen, die eine analoge Aussagekraft wie die kontinuierlicher Systeme haben.

Wir betrachten ein zeitdiskretes Übertragungssystem mit der komplexen Übertragungsfunktion

$$F(z)=\frac{Z(z)}{N(z)}=\frac{Z(z)}{\prod\limits_{\nu=1}^{n}(z-z_{p_\nu})}, \tag{7.32}$$

das durch die Eingangsfolge

$$u(k)=z_0^k=e^{s_0kT}, \quad k=0,1,2,\ldots,$$

erregt werde. Mit der Korrespondenz

$$U(z)=\mathcal{Z}\{z_0^k\}=\frac{z}{z-z_0}$$

erhält man für das Ausgangssignal am System:

$$Y(z)=F(z)\,U(z)=\frac{z}{z-z_0}\cdot\frac{Z(z)}{\prod\limits_{\nu=1}^{n}(z-z_{p_\nu})}. \tag{7.33}$$

Wird zunächst vorausgesetzt, daß alle Pole p_ν nur einfach seien, dann kann für $Y(z)/z$ eine Partialbruchentwicklung angegeben werden zu:

$$\frac{Y(z)}{z}=\frac{F(z_0)}{(z-z_0)}+\sum_{\nu=1}^{n}\frac{R_\nu}{z_{p_\nu}-z_0}\cdot\frac{1}{z-z_{p_\nu}}, \tag{7.34}$$

wobei für die Entwicklungskoeffizienten wie üblich gilt:

$$R_\nu = \lim_{z \to z_{p_\nu}} (z - z_{p\nu}) F(z) . \tag{7.35}$$

Wird (7.34) mit z multipliziert, dann ergibt die Rücktransformation in den Bereich der diskreten Zeitfunktionen die Ausgangssignalfolge:

$$y(k) = F(z_0) z_0^k + \sum_{\nu=1}^{n} \frac{R_\nu}{z_{p_\nu} - z_0} z_{p_\nu}^k, \quad k = 0, 1, 2, \ldots \tag{7.36}$$

Die Ausgangssignalfolge enthält einen Anteil von der gleichen Form wie die Eingangsfolge, dieser ist durch einen Faktor $F(z_0)$ gewichtet, der die Fähigkeit des Systems widerspiegelt, eine durch $z_0 = e^{s_0 T}$ gekennzeichnete exponentielle Folge zu übertragen. Daneben tritt ein Einschwinganteil auf, der aus den Eigenschwingungen des Systems besteht. Die Amplituden der Eigenschwingungen werden einmal durch die Systemkenngrößen R_ν und zum anderen durch die Werte der z-transformierten Eingangsfolge $U(z_{p_\nu})$ für die Eigenwerte z_{p_ν} bestimmt. Wird weiter vorausgesetzt, daß das betrachtete System stabil ist: $|z_{p_\nu}| < 1$, $\nu = 1, \ldots n$, dann klingt der Einschwinganteil mit zunehmendem k ab. Die hier betrachteten Eigenschaften sind auch dann zu beobachten, wenn die Polstellen z_{p_ν} nicht einfach sind. Es treten dann in (7.34) entsprechende Partialbruchentwicklungen für mehrfache Pole auf.

Es wird nun die Systemantwort im eingeschwungenen Zustand auf die abgetasteten Werte einer harmonischen Erregung betrachtet, die in komplexer Form notiert wird

$$z_0 = e^{i\omega_0 T} . \tag{7.37}$$

Hiermit erhalten wir aus (7.36) für den eingeschwungenen Zustand

$$Y(z) = F(z_0) \frac{z}{z - z_0} . \tag{7.38}$$

Bei Variation von ω_0 beschreibt $F\,(z_0 = e^{i\omega_0 T})$ den Frequenzgang des Systems als Verhältnis der komplexen Amplituden der Eingangs- und Ausgangsfolgen $e^{i\omega_0 kT}$.

$$F(e^{i\omega_0 T}) = \frac{Z(e^{i\omega_0 T})}{N(e^{i\omega_0 T})} = \frac{\sum_{\mu=0}^{m} b_\mu e^{i\mu\omega_0 T}}{\sum_{\nu=0}^{n} a_\nu e^{i\nu\omega_0 T}} = \frac{b_m}{a_n} \frac{\prod_{\mu=1}^{m} (e^{i\omega_0 T} - N_\mu)}{\prod_{\nu=1}^{n} (e^{i\omega_0 T} - P_\nu)} . \tag{7.39}$$

Die Frequenzgangfunktion $F(e^{i\omega_0 T})$ in (39) ist als Quotient zweier trigonometrischer Polynome eine periodische Funktion. Mit der normierten Frequenz $\Omega = \omega_0 T$ wird im folgenden der Frequenzgang des zeitdiskreten Systems verkürzt geschrieben zu $F(\Omega)$. Damit läßt sich Amplituden- und Phasengang in Abhängigkeit der Pol- und Nullstellen angeben zu:

$$|F(\Omega)| = \frac{b_m}{a_n} \frac{\prod_{\mu=1}^{m} |e^{i\Omega} - N_\mu|}{\prod_{\nu=1}^{n} |e^{i\Omega} - P_\nu|} = \frac{b_m}{a_n} \frac{\prod_{\mu=1}^{m} \sqrt{1 - 2\varrho_{N_\mu} \cos(\Omega - \psi_{N_\mu}) + \varrho_{N_\mu}^2}}{\prod_{\nu=1}^{n} \sqrt{1 - 2\varrho_{P_\nu} \cos(\Omega - \psi_{P_\nu}) + \varrho_{P_\nu}^2}}, \tag{7.40}$$

$$\varphi(\Omega) = \sum_{\mu=1}^{m} \arctan \frac{\sin\Omega - \varrho_{N_\mu} \sin\psi_{N_\mu}}{\cos\Omega - \varrho_{N_\mu} \cos\psi_{N_\mu}} - \sum_{\nu=1}^{n} \arctan \frac{\sin\Omega - \varrho_{P_\nu} \sin\psi_{P_\nu}}{\cos\Omega - \varrho_{P_\nu} \cos\psi_{P_\nu}}, \quad b_m > 0\,. \tag{7.41}$$

In (7.40) und (7.41) sind ϱ_{N_μ} bzw. ϱ_{P_ν} die Beträge der Null- bzw. Polstellen und die ψ die zugehörigen Winkel. Die Frequenzgänge zeitdiskreter Systeme können genau wie die von kontinuierlichen Systemen in der GAUSSschen Zahlenebene der $F(\Omega)$ oder in Darstellungen nach Betrag und Phase über der normierten Frequenz Ω dargestellt werden, wobei einmal die Besonderheit zu beachten ist, daß die Frequenzgänge über Ω periodisch sind. Zum anderen interessiert der Frequenzgang im allgemeinen aber nur für $0 \leqq \Omega = \omega T \leqq \pi$, da für ein brauchbar auszulegendes System die Abtastperiode T so gewählt werden muß (s. a. vorstehenden Abschnitt), daß für die höchste interessierende Frequenz des zu verarbeitenden Eingangssignals gilt: $\omega_g = \pi/T$.

Es werden nun noch einige Eigenschaften zeitdiskreter Systeme mit rationalen Übertragungsfunktionen diskutiert. Es werden nur stabile Systeme betrachtet, deren Übertragungsfunktionen dann analytisch für $|z| > 1$ sind.

Ein System werde beschrieben durch

$$F(z) = \frac{Z(z)}{z^{n_0} N_1(z)} = \frac{Z(z)}{N(z)} \tag{7.42}$$

und habe n_0 Polstellen im Ursprung.

Das Zähler- und Nennerpolynom seien beide vom Grade n, und $Z(z)$ und $N_1(z)$ seien relativ prim und haben keine Nullstellen für $z = 0$. Es werden folgende Funktionen eingeführt, die unten noch benötigt werden:

$$\text{a)} \quad F_B(z) = F(z)\, F(z^{-1}) = \frac{Z_B(z)}{N_2(z)}\,, \tag{7.43a}$$

$$\text{b)} \quad F_R(z) = \frac{1}{2}\,[F(z) + F(z^{-1})] = \frac{Z_R(z)}{N_2(z)}\,, \tag{7.44a}$$

c) $$F_I(z) = \frac{1}{2}\,[F(z) - F(z^{-1})] = \frac{Z_I(z)}{N_2(z)}\,, \tag{7.45a}$$

wobei $$F(z) = F_R(z) + F_I(z) \tag{7.46}$$

ist. Insbesondere für $z = e^{i\Omega}$ gilt dann ferner:

$$F_B(z) = |F(\Omega)|^2\,, \tag{7.43b}$$

$$F_R(z) = \mathrm{Re}\,\{F(\Omega)\}\,, \tag{7.44b}$$

$$F_I(z) = i\,\mathrm{Im}\,\{F(\Omega)\}\,. \tag{7.45b}$$

Aus (43a), (44a) und (45a) folgt dann weiter:

$$F_B(z^{-1}) = F_B(z) \tag{7.43c}$$

$$F_R(z^{-1}) = F_R(z)\,, \tag{7.44c}$$

$$F_I(z^{-1}) = -F_I(z)\,. \tag{7.45c}$$

Wird (7.42) in (7.43a), (7.44a) und (7.45a) eingesetzt, lassen sich folgende Aussagen über die Zähler- und Nennerpolynome machen:

$$N_2(z) = N(z)\,N(z^{-1})\,z^n = z^{n_0} N_s(z) \tag{7.47}$$

ist ein Polynom vom Grade $2n - n_0$ mit n_0 Nullstellen im Ursprung. $N_s(z)$ ist ein sogenanntes Spiegelpolynom mit der Eigenschaft

$$z^{2(n-n_0)} N_s(z^{-1}) = N_s(z)\,, \tag{7.48}$$

von dessen $2n - 2n_0$ Wurzeln liegen $n - n_0$ im Inneren von $|z| = 1$ und $n - n_0$ Wurzeln spiegelbildlich zu $|z| = 1$ außerhalb des Einheitskreises. Auch

$$Z_B(z) = Z(z)\,Z(z^{-1})\,z^n \tag{7.49}$$

und $$Z_R(z) = \frac{1}{2}\,[Z(z)\,N(z^{-1}) + Z(z^{-1})\,N(z)]\,z^n \tag{7.50}$$

sind Spiegelpolynome vom Grade $2n$ mit der vorstehend erwähnten Eigenschaft.

$$Z_I(z) = \frac{1}{2}\,[Z(z)\,N(z^{-1}) - Z(z^{-1})\,N(z)]\,z^n \tag{7.51}$$

ist ein Anti-Spiegelpolynom vom Grade $2n$, für das gilt:

$$z^{2n} Z_I(z^{-1}) = -Z_I(z)\,. \tag{7.52}$$

7.4. Allpässe, Phasenminimumsysteme und nichtrekursive Filter

Ein Allpass ist ein System, dessen Amplitudengang unabhängig von der Frequenz konstant ist. Auch zeitdiskrete Systeme können Allpassverhalten zeigen. Für ein System mit der rationalen Übertragungsfunktion

$$A(z) = \frac{Z(z)}{N(z)} = \frac{Z(z)}{\prod_{\nu=1}^{n} (z - z_{p_\nu})} \tag{7.53}$$

muß dann mit $z = e^{i\Omega}$ gelten:

$$|A(\Omega)| = C, \quad \forall \Omega, \tag{7.54}$$

und es ist zu fragen, wo die Nullstellen des Zählerpolynoms $Z(z)$ im Verhältnis zu den Polstellen in der z-Ebene zu liegen haben.

Mit

$$z_{p_\nu} = \varrho_\nu e^{i\varphi_\nu}$$

liefert nach (7.40) eine Polstelle diesen Beitrag zum Amplitudengang:

$$\left| \frac{1}{e^{i\Omega} - z_{p_\nu}} \right| = \frac{1}{\sqrt{1 - 2\varrho_\nu \cos(\Omega\psi_\nu) + \varrho_\nu^2}} .$$

Soll der Amplitudengang eines Systems unabhängig von diesem Beitrag eines Poles sein, muß durch eine entsprechende Nullstelle dieser Beitrag zum Amplitudengang kompensiert werden, was erreicht wird durch

$$z_{N_\mu} = \varrho_\mu e^{i\varphi_\mu} = \frac{1}{\varrho_\nu} e^{i\varphi_\nu} = \frac{1}{z_{p_\nu}^*}, \tag{7.55}$$

also eine Nullstelle, die spiegelbildlich zum Pol in Bezug auf den Einheitskreis liegt.

Damit wird der Beitrag zum Amplitudengang eines Pol-Nullstellenpaares

$$\left| \frac{e^{i\Omega} - z_{N_\mu}}{e^{i\Omega} - z_{p_\nu}} \right| = \sqrt{\frac{1 - \frac{2}{\varrho_\nu} \cos(\Omega - \psi_\nu) + \frac{1}{\varrho_\nu^2}}{1 - 2\varrho_\nu \cos(\Omega - \psi_\nu) + \varrho_\nu^2}} = \frac{1}{\varrho_\nu} . \tag{7.56}$$

Die Pol-Nullstellenpaare können jeweils wieder als konjugiert komplexe Paare auftreten. Da eine solche Beziehung für jede Polstelle in (7.53) gelten muß, damit (7.54) erfüllt ist, erhalten wir für die Polstellen-Konfiguration eines zeitdiskreten Allpassystems, das dadurch ausgezeichnet ist, daß der Amplitudengang frequenzunabhängig ist:

$$A(z) = b_n \frac{\prod_{\nu=1}^{n} \left(z - \frac{1}{z_{p_\nu}} \right)}{\prod_{\nu=1}^{n} (z - z_{p_\nu})} = \frac{b_n}{\prod_{\nu=1}^{n} z_{p_\nu}} \; \frac{\prod_{\nu=1}^{n} (z\, z_{p_\nu} - 1)}{\prod_{\nu=1}^{n} (z - z_{p_\nu})}$$

$$= \frac{b_n \sum_{\nu=0}^{n} a_{n-\nu} z^{\nu}}{a_0 \sum_{\nu=0}^{n} a_\nu z^\nu} = \frac{b_n}{a_0} z^n \frac{\sum_{\nu=0}^{n} a_\nu z^{-\nu}}{\sum_{\nu=0}^{n} a_\nu z^\nu}$$

$$= \frac{b_n}{a_0} z^n \frac{N(z^{-1})}{N(z)} . \tag{7.57}$$

Alle Nullstellen liegen spiegelbildlich zu den Polen im Äußeren des Einheitskreises.

Vollständig analog zu den Verhältnissen bei kontinuierlichen Systemen läßt sich nun ein stabiles zeitdiskretes Übertragungssystem mit beliebiger Nullstellenlage außerhalb des Einheitskreises als eine Reihenschaltung eines Allpasses und eines minimalphasigen Systems deuten, wodurch dann auch das zeitdiskrete Phasenminimumsystem definiert werden wird.

Von den m Nullstellen eines Systems, dessen Verstärkungsfaktor im folgenden auf 1 normiert ist, mögen m_1 im Inneren und $m-m_1$ im Äußeren des Einheitskreises liegen

$$F(z) = \frac{\prod_{\mu=1}^{m_1} (z - z_{N_\mu}) \prod_{\mu=m_1+1}^{m} (z - z_{N_\mu})}{\prod_{\nu=1}^{n} (z - z_{p_\nu})} . \tag{7.58}$$

Wird diese Übertragungsfunktion mit $\prod_{\mu=m_1+1}^{m} (z z_{N_\mu} - 1)$ erweitert und entsprechend geordnet, gilt:

$$F(z) = \frac{\prod_{\mu=1}^{m_1} (z - z_{N_\mu}) \prod_{\mu=m_1+1}^{m} (z z_{N_\mu} - 1)}{\prod_{\nu=1}^{n} (z - z_{p_\nu})} \cdot \frac{\prod_{\mu=m_1+1}^{m} (z - z_{N_\mu})}{\prod_{\nu=m_1+1}^{m} (z z_{N_\nu} - 1)}$$

$$= F_M(z) \cdot A(z) . \tag{7.59}$$

Da der Amplitudengang des Allpasses frequenzunabhängig ist, $|A(e^{i\Omega})| = c$, wird $|F(e^{i\Omega})|$ bis auf einen konstanten Faktor alleine von $|F_M(e^{i\Omega})|$ bestimmt. Wie in (7.59) zu erkennen, liegen die Nullstellen von $F_M(z)$ alle im Inneren des Einheitskreises $|z| = 1$. Das durch $F_M(z)$ bezeichnete System wird minimalphasig genannt, da es den zu einem vorgeschriebenen Amplitudengang mindestens notwendigen Phasengang besitzt.

Während die Allpässe und Phasenminimumsysteme ihre Entsprechungen bei den kontinuierlichen Systemen haben, existiert bei den zeitdiskreten Systemen eine Systemklasse, die dadurch ausgezeichnet ist, daß bei diesen

Systemen alle Polstellen im Ursprung liegen. Diese Systeme werden „nichtrekursive Systeme“ oder „Systeme mit endlichem Gedächtnis“ (engl. auch transversalfilter) genannt. Diese Systeme haben die Übertragungsfunktion:

$$G(z)=\frac{Z(z)}{z^n}=\frac{b_n}{z^n}\prod_{\mu=1}^{n}(z-z_{N_\mu})=\frac{1}{z^n}\sum_{\mu=0}^{n}b_\mu z^\mu\,. \tag{7.60}$$

Diese Funktion läßt sich umformen zu:

$$G(z)=\sum_{\mu=0}^{n}b_\mu z^{\mu-n}=\sum_{k=0}^{\infty}g_k z^{-k} \tag{7.61}$$

$$\text{mit}\qquad g_k=b_{k-\mu},\quad \begin{cases}k=0,1,2,\ldots n,\\ \mu=0,1,2,\ldots n,\end{cases} \tag{7.62}$$

$$g_k=0,\qquad k=n+1,\,n+2\,,\ldots$$

Die b_μ des Zählerpolynoms sind offenbar identisch mit den ersten $n+1$ Werten der Impulsantwort oder Gewichtsfolge $g(k)$ des Systems, wobei diese Gewichtsfolge nur eine endliche Zahl, und zwar $n+1$, Werte hat, die von Null verschieden sind. Nach $n+1$ Zeitschritten nach Einwirken einer Impulserregung sind die Speicher des nichtrekursiven Systems wieder leer. Auf nichtrekursive Systeme wird man in der Regelungstechnik dann geführt, wenn ein ideales Totzeitsystem durch ein äquivalentes zeitdiskretes System repräsentiert werden soll (vgl. a. Abschnitt 4.5). Für den Frequenzgang eines nichtrekursiven Systems ergibt sich unmittelbar

$$G(\Omega)=\sum_{\mu=0}^{n}b_{n-\mu}e^{-i\mu\Omega}=\sum_{\mu=0}^{n}g_\mu e^{-i\mu\Omega}\,, \tag{7.63}$$

also ein trigonometrisches Polynom, dessen Koeffizienten die Werte der Gewichtsfolge des Systems sind.

7.5. Tiefpassfilter

In diesem und dem nachfolgenden Abschnitt sollen die vorstehenden allgemein dargestellten Signalübertragungseigenschaften zeitdiskreter Systeme in bezug auf ihr Filterverhalten etwas eingehender betrachtet werden. Bei dieser Darstellung wird die Filterung ausschließlich im Bereich der zeitdiskreten Systeme beschrieben. Soll ein kontinuierliches Signal nach Abtastung durch ein zeitdiskretes System verformt werden, kann im Prinzip auch zunächst ein kontinuierliches Filter mit bekannten Methoden der Systemtheorie kontinuierlicher Systeme entworfen und dann in einem zweiten Entwurfschritt ein äquivalentes zeitdiskretes System bestimmt werden.

Es wird mit der Untersuchung eines einfachen Systems 1. Ordnung begonnen, das als Grundlage eines Tiefpassfilters dienen soll:

$$y(k) = bu(k) + ay\,(k-1), \quad k = 0, 1, 2, \ldots \tag{7.64}$$

Bei diesen Systemen wird in jedem Zeitschritt der Wert des Ausgangssignals zum vorhergehenden Zeitpunkt mit herangezogen.

In Abschnitt 7.1. war gezeigt worden, daß das System 1. Ordnung dann, wenn a einen Wert knapp unterhalb von $+1$ erhält, eine Einheitssprungfolge effektiv überträgt, aber eine alternierende Einheitsfolge weitgehend unterdrückt. Dieses Verhalten wird nun genauer untersucht, indem die Systemantwort auf abgetastete harmonische Signale betrachtet wird. Durch Wahl von $b = 1 - a$ wird das System so normiert, daß die Sprungantwort des Systems im eingeschwungenen Zustand selbst wieder eine Einheitssprungfolge ist. Für das normierte System (7.64) lautet die Übertragungsfunktion

$$G(z) = \frac{(1-a)\,z}{z-a}\,. \tag{7.65}$$

Wird dieses System mit einem abgetasteten harmonischen Signal der Form $u(k) = \sin k\omega T$ erregt, erhält man die Systemantwort im Bildbereich zunächst allgemein über die Korrespondenz für $\sin k\omega T$:

$$Y(z) = G(z)\,\frac{z \sin \omega T}{z^2 - z2\cos\omega T + 1} = G(z)\,\frac{z \sin \omega T}{(z - \mathrm{e}^{i\omega T})\,(z - \mathrm{e}^{-i\omega T})}\,.$$

Nach Partialbruchentwicklung und mit $G\,(z = \mathrm{e}^{i\omega T}) = |G|\;\mathrm{e}^{i\varphi}$:

$$Y(z) = \frac{|G|}{2i}\left[\frac{z\mathrm{e}^{i\varphi}}{z - \mathrm{e}^{i\omega T}} - \frac{z\mathrm{e}^{-i\varphi}}{z - \mathrm{e}^{-i\omega T}}\right] + R\,,$$

worin R die Terme des Einschwingungsvorganges zusammenfaßt, der aus den Eigenbewegungen des Systems besteht. Durch Rücktransformation der einzelnen Terme der Partialbruchentwicklung in den Zeitbereich erhält man schließlich

$$\begin{aligned} y(k) &= \mathfrak{Z}^{-1}\{Y(z)\} = \frac{|G|}{2i}\,[\mathrm{e}^{i(k\omega T+\varphi)} - \mathrm{e}^{-i(k\omega T+\varphi)}] + \mathfrak{Z}^{-1}\{R\} \\ &= |G|\sin(k\omega T + \varphi) + y_e(k), \quad k = 0, 1, 2, \ldots \end{aligned} \tag{7.66}$$

Für stabile Systeme verschwindet mit zunehmendem k der Term $y_e(k)$ des Einschwingungsvorganges, so daß wir im eingeschwungenen Zustand für das System (7.65) aus (7.66) erhalten:

$$y(k) = |G(\mathrm{e}^{i\omega T})|\,\sin(k\omega T + \varphi) \tag{7.67}$$

mit

$$G(\mathrm{e}^{i\omega T}) = \frac{(1-a)\,\mathrm{e}^{i\omega T}}{\mathrm{e}^{i\omega T} - a} = \frac{(1-a)\,[\cos\omega T + i \sin\omega T]}{\cos\omega T - a + i\cdot\sin\omega T}\,, \tag{7.68a}$$

dem Amplitudengang:

$$|G(e^{i\omega T})| = \frac{1-a}{\sqrt{1+a^2-2a\cos\omega T}} \tag{7.68b}$$

und dem Phasengang:

$$\varphi(\omega) = \omega T - \arctan\left[\frac{\sin\omega T}{\cos\omega T - a}\right]. \tag{7.68c}$$

Die Beziehungen (7.68b) und (7.68c) sind in einfacher Weise direkt aus (7.40) und (7.41) zu gewinnen, wenn dort von (7.65) ausgehend die Nullstelle $z_{N_1}=0$ mit $\varrho_{N_1}=0$ und $\psi_{N_1}=0$ und der Pol $z_{p_1}=a$ mit $\varrho_{p_1}=a$ und $\psi_{p_1}=0$ eingesetzt werden.

In Bild 7.7 ist der Amplitudengang $|G|$ über ω in Abhängigkeit der Pollage a dargestellt. Hieraus ist zu ersehen, wie mit zunehmendem Wert von a zwischen 0 und +1 der Tiefpasscharakter des Systems zunimmt. Auch bei zeitdiskreten Filtern wird wie üblich die Bandbreite des Systems über die Grenzfrequenz ω_g definiert

$$|F(e^{i\omega T})| \geqq \frac{|F(\omega=0)|}{\sqrt{2}}, \quad 0 \leqq \omega \leqq \omega_g. \tag{7.69}$$

Ein harmonisches Signal mit der Grenzfrequenz ω_g verliert gerade die Hälfte seiner Leistung beim Passieren des Filters. Für das System (7.65) liefert (7.68b) diesen Zusammenhang zwischen ω_g und der Pollage a:

$$\frac{1-a}{\sqrt{1+a^2-2a\cos\omega_g T}} = \frac{1}{\sqrt{2}} \tag{7.70}$$

und nach Umformung schließlich:

$$a = 2 - \cos\omega_g T - \sqrt{(3-\cos\omega_g T)(1-\cos\omega_g T)}. \tag{7.71}$$

Bei dem Einsatz eines zeitdiskreten Tiefpassfilters wird üblicherweise die geforderte Bandbreite für die kontinuierlichen Signale vorgegeben sein, womit zunächst ω_g festgelegt ist und daraus die Festlegung der Tastperiode erfolgen muß. Über (7.71) wird dann der Wert a bestimmt, der das Tiefpassfilter mit der gewünschten Bandbreite liefert.

Im Rahmen der digitalen Regelungsaufgaben werden diskrete Tiefpassfilter vor allem für die Unterdrückung von breitbandigem Meßrauschen herangezogen, wenn ein Meßgerät das Regelsignal in der Form

$$y(t) = s(t) + r(t)$$

bzw. nach Abtastung (und Analog-Digital-Umsetzung)

$$y(k) = s(k) + r(k)$$

liefert. $s(t)$ stellt das für die Regelungsaufgabe wesentliche – im allgemeinen niederfrequente – Nutzsignal dar und $r(t)$ das Störgeräusch. In der Praxis

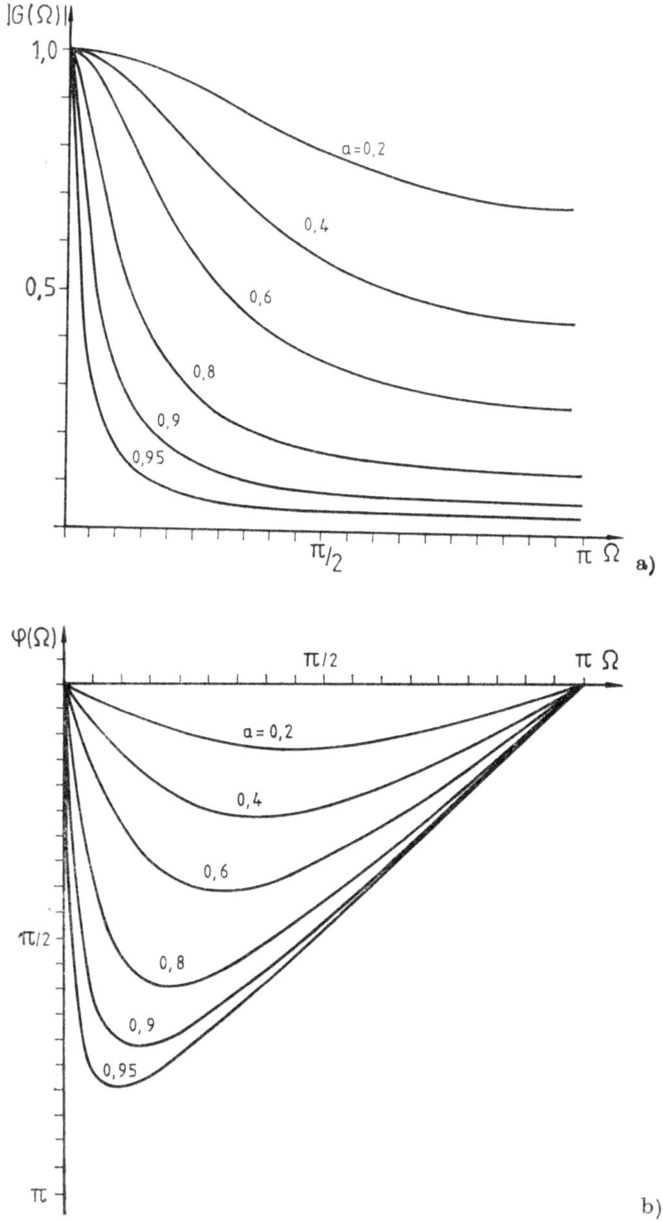

|G(Ω)|
1,0
0,5
a = 0,2
0,4
0,6
0,8
0,9
0,95
π/2
π Ω
a)
φ(Ω)
π/2
π Ω
a = 0,2
0,4
0,6
0,8
0,9
0,95
π/2
π
b)

sind sowohl $s(k)$ als auch $r(k)$ häufig nicht mehr deterministische, sondern stochastische Signale. Die Zusammenhänge zwischen Systemkenngrößen – wie z. B. der Grenzfrequenz ω_g – eines Filters und den stochastischen Signalkenngrößen werden in Abschnitt 8 noch näher erläutert.

Wenn der Abfall des Amplitudenganges oberhalb ω_g nicht steil genug ist, können mehrere Filter in Reihe, also ein Tiefpassfilter höherer Ordnung, vorgesehen werden. Die Übertragungsfunktion für n in Reihe geschalteter Filter 1. Ordnung mit gleicher Pollage lautet

$$G_n(z) = \left[\frac{(1-a)\,z}{z-a}\right]^n, \tag{7.72a}$$

womit für den Amplitudengang und den Phasengang gilt:

$$|G_n(e^{i\omega T})| = |G(e^{i\omega T})|^n, \tag{7.72b}$$

$$\varphi_n(\omega) = n \cdot \varphi(\omega), \tag{7.72c}$$

wobei $|G(e^{i\omega T})|$ und $\varphi(\omega)$ durch (7.68b) und (7.68c) bestimmt sind. Für die Grenzfrequenz ω_g folgt dann

$$|G_n(e^{i\omega_g T})| = |G(e^{i\omega_g T})|^n = \frac{1}{\sqrt{2}}$$

oder

$$|G(e^{i\omega_g T})| = \frac{1}{2^{1/2n}}. \tag{7.73}$$

Die Pollage für n gleichartige, in Reihe geschaltete Systeme 1. Ordnung ergibt sich bei vorgegebener Grenzfrequenz zu:

$$a = \frac{1}{2^{1/n}-1}\left[2^{1/n} - \cos\omega_g T - \sqrt{(2^{1/n}-\cos\omega_g T)^2 - (2^{1/n}-1)^2}\right]. \tag{7.74}$$

In Bild 7.8 sind die Amplitudengänge eines Systems 1. Ordnung und eines Systems 4. Ordnung mit 4 gleichen Polen für eine Eckfrequenz $\omega_g = \frac{\pi}{3T}$ aufgetragen.

Beispiel 7.1.

Es soll ein Tiefpassfilter mit der Grenzfrequenz $f_g = 125$ Hz entworfen werden, dessen Amplitudengang bei $f_1 = 250$ Hz unterhalb von 0,4 abgefallen ist. Das Filter arbeitet mit der Tastperiode $T = 10^{-3}$ s. Für die Kreisfrequenz bei f_g gilt

$$\omega_g = 2\pi f_g = 250\pi\ [\mathrm{s}^{-1}]$$

und damit $\Omega_g = \omega_g T = \frac{\pi}{4}$. Um die gesuchte Pollage $z = a$ und die notwendige Zahl n der in Reihe zu schaltenden identischen Filter 1. Ordnung zu finden,

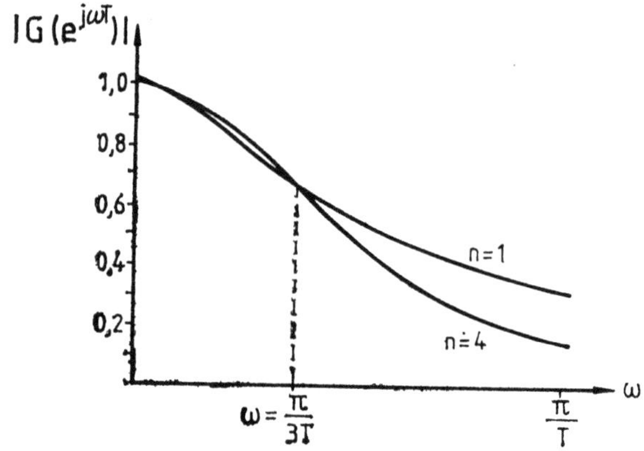

Bild 7.8. Amplitudengänge eines Systems 1. Ordnung und eines Systems 4. Ordnung mit 4 gleichen Polen für gleiche Grenzfrequenz $\omega_g = \frac{\pi}{3T}$

wird Gl. (7.74) ausgewertet und dann über (7.72b) und (7.68b) $G(\Omega_1)$ mit $\Omega_1 = \omega_1 T = 2\pi f_1 T = \frac{\pi}{2}$ bestimmt:

n	a	$G(\pi/2)$
1	0,473	0,475
2	0,323	0,414
3	0,250	0,386

Die Aufgabe kann durch ein Filter mit 3 gleichen Polen bei $z = 0{,}25$ gelöst werden, also mit (7.72a):

$$G(z) = \frac{0{,}42\, z^3}{(z - 0{,}25)^3},$$

oder der zugehörigen Differenzengleichung:

$$y(k) = 0{,}42\, u(k) + 0{,}725\, y\,(k-1) - 0{,}1875\, y\,(k-2) + 0{,}0156\, y\,(k-3)\,.$$

Wenn weitergehende Anforderungen an den Amplitudengang eines Tiefpassfilters gestellt werden, müssen komplizierte Filtertypen eingesetzt werden. Der Abfall des Amplitudenganges für $\omega > \omega_g$ wird z. B. steiler, wenn Systeme verwendet werden, deren Nullstellen nicht bei $z = 0$ liegen. So hat das System 1. Ordnung

$$y(k) = \frac{1-a}{2}\,[u(k) + u\,(k-1)] + ay\,(k-1) \qquad (7.75)$$

die Übertragungsfunktion:

$$G(z) = \frac{1-a}{2}\,\frac{z+1}{z-a} \qquad (7.76)$$

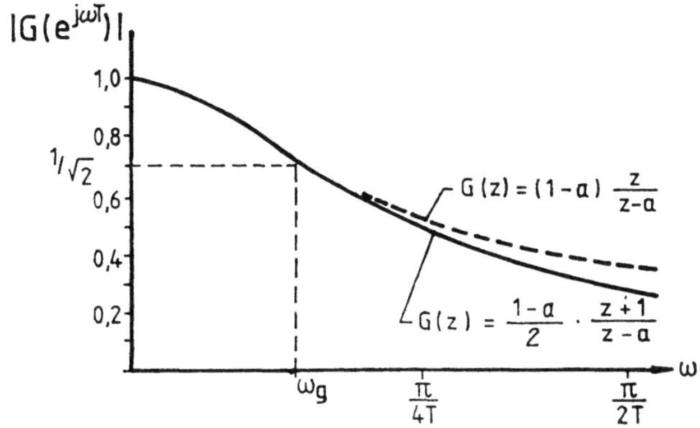

Bild 7.9. Amplitudengang der Tiefpassfilter 1. Ordnung mit Nullstellen bei $z=0$ mit $z=-1$

mit dem Amplitudengang:

$$|G(e^{i\omega T})| = (1-a)\,\frac{\sqrt{1/2\,(1+\cos\omega T)}}{\sqrt{1+a^2+2a\cdot\cos\omega T)}}\,, \tag{7.77}$$

der zusammen mit dem aus (7.68b) in Bild 7.9 dargestellt ist. Die erzielbare Verbesserung wird hier durch einen größeren Rechen- und Speicherbedarf erkauft, wie man durch Vergleich von (7.75) mit (7.64) erkennen kann, da nun auch in jedem Tastschritt der Wert $u\,(k-1)$ verarbeitet wird.

Eine weitergehende Verbesserung des Filterverhaltens ist dann durch Filter mit komplexen Polpaaren, z. B. in der Form von Butterworth-Filtern, zu erzielen. Hier empfiehlt es sich aber, den Entwurf mittels bekannter Verfahren für kontinuierliche Systeme durchzuführen und dann eine geeignete Transformation in den zeitdiskreten Bereich vorzunehmen [SU].

7.6. Hoch- und Bandpassfilter

In Abschnitt 7.1. war gezeigt worden, daß das System 1. Ordnung

$$y(k) = ay\,(k-1) + bu(k), \quad k = 0, 1, 2, \ldots, \tag{7.78}$$

für Werte von a knapp oberhalb von -1 langsam sich ändernde Signale und gezielt die Einheitssprungfolge stark unterdrückt, die alternierende Einheitsfolge aber gut überträgt, also Hochpassverhalten hat. Bei der zeitdiskreten Signalverarbeitung sind wir durch das Abtasttheorem auf harmonische Signale beschränkt, deren Kreisfrequenz im Bereich $0 \leqq \omega \leqq \pi/T$

liegen. Die alternierende Einheitssprungfolge

$$u(k)=\begin{cases}0 \quad , & k=-1,\,-2,\,-3,\,\ldots, \\ (-1)^k, & k=0,\,1,\,2,\,3,\,\ldots,\end{cases} \tag{7.79}$$

wird gerade durch gleichförmige Abtastung des harmonischen Signals

$$u(t)=\sin\,(\pi t/T+\pi/2) \tag{7.80}$$

mit der Tastperiode T erzeugt, wobei (7.80) das Signal mit der höchsten durch das Abtasttheorem zugelassenen Frequenz beschreibt. Das System (7.78) kann durch die Wahl von $b=1+a$ wieder so normiert werden, daß seine Systemantwort auf ein Signal der Form (7.79) im eingeschwungenen Zustand gerade wieder eine alternierende Einheitsfolge ist. Wir betrachten deshalb das normierte Hochpassfilter 1. Ordnung:

$$y(k)=(1+a)\,u(k)+ay\,(k-1) \tag{7.81}$$

mit der Übertragungsfunktion

$$G(z)=(1+a)\,\frac{z}{z-a} \tag{7.82}$$

und

$$|G(e^{i\omega T})|=\frac{1+a}{\sqrt{1+a^2-2a\cos\omega T}} \tag{7.82a}$$

$$\varphi(\omega)=\omega T-\arctan\frac{\sin\omega T}{\cos\omega T-a}\,. \tag{7.82b}$$

Für Werte des Pols $-1<a<0$ ist der Amplitudengang in Bild (7.10) dargestellt. Für die Grenzfrequenz ω_g gilt analog zu den Verhältnissen beim Tiefpass:

$$\frac{1+a}{\sqrt{1+a^2-2a\cdot\cos\omega_g T}}=\frac{1}{\sqrt{2}}; \quad -1<a<0\,. \tag{7.83}$$

Auch beim Hochpassfilter kann bei vorgegebener Grenzfrequenz die Flankensteilheit des Amplitudenganges vergrößert werden, indem entweder mehrere Filter in Reihe geschaltet werden und/oder die Lage der Nullstellen verändert und zwar für reelle Nullstellen $z_N>0$ gewählt wird.

Bandpassfilter werden eingesetzt, wenn Signale mit Frequenzen in der Nähe der Resonanzfrequenz ω_0 des Systems gut übertragen und Signale, deren Frequenz weiter entfernt von ω_0 liegen, unterdrückt werden sollen. Zur Verarbeitung eines Signals mit

$$u(k)=\sin\,\omega_0 kT \tag{7.84}$$

ist es naheliegend, ein System zu verwenden, dessen Pole in der Nähe der Pole der z-Transformierten von (7.84)

$$\mathcal{Z}\{u(k)\}=\mathcal{Z}\{\sin\,\omega_0 KT\}=\frac{z\sin\omega_0 T}{(z-e^{i\omega_0 T})\,(z-e^{-i\omega_0 T})} \tag{7.85}$$

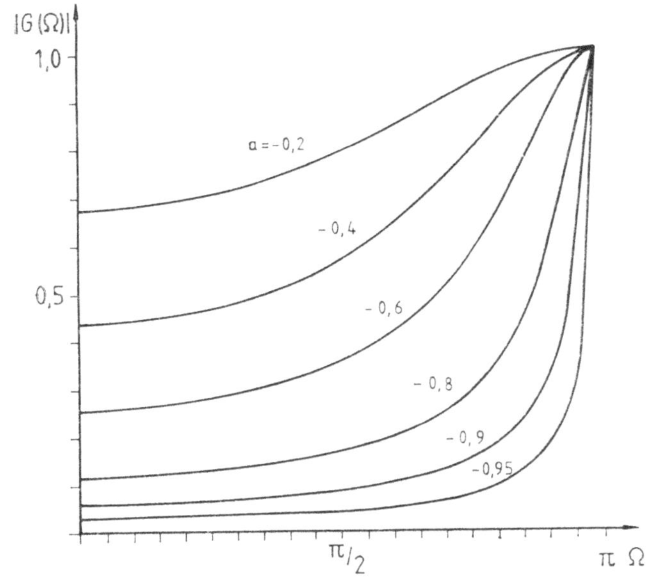

Bild 7.10. Amplitudengang des Hochpassfilters 1. Ordnung in Abhängigkeit der Pollage a

liegen. Deshalb wird als Grundtyp eines Bandpasses das System mit

$$G(z) = \frac{bz^2}{(z - \varrho e^{i\omega_0 T})\,(z - \varrho e^{-i\omega_0 T})} \tag{7.86}$$

betrachtet, bei dem der Parameter ϱ aus Stabilitätsgründen kleiner als 1 sein muß. Mit größerwerdendem ϱ nähern sich die Pole von $G(z)$ denen der Funktion (7.85). Für den Amplitudengang des Systems (7.86) gilt mit (7.40)

$$|G(e^{i\omega T})| = \frac{b}{\sqrt{1 - 2\varrho\cos(\omega T - \omega_0 T) + \varrho^2} \cdot \sqrt{1 - 2\varrho\cos(\omega T + \omega_0 T) + \varrho^2}} \tag{7.87}$$

und an der Resonanzstelle $\omega = \omega_0$

$$|G(e^{i\omega_0 T})| = \frac{b}{(1 - \varrho)\sqrt{1 - 2\varrho\cos 2\omega_0 T + \varrho^2}}\,. \tag{7.88}$$

Wird das Filter durch Wahl von b so normiert, daß es an der Resonanzstelle mit 1 überträgt, dann geht (7.87) über in

$$|G(e^{i\omega T})| = \frac{(1 - \varrho)\sqrt{1 - 2\varrho\cos 2\omega_0 T + \varrho^2}}{\sqrt{1 - 2\varrho\cos(\omega - \omega_0)\,T + \varrho^2}\,\sqrt{1 - 2\varrho\cos(\omega + \omega_0)\,T + \varrho^2}}\,. \tag{7.89}$$

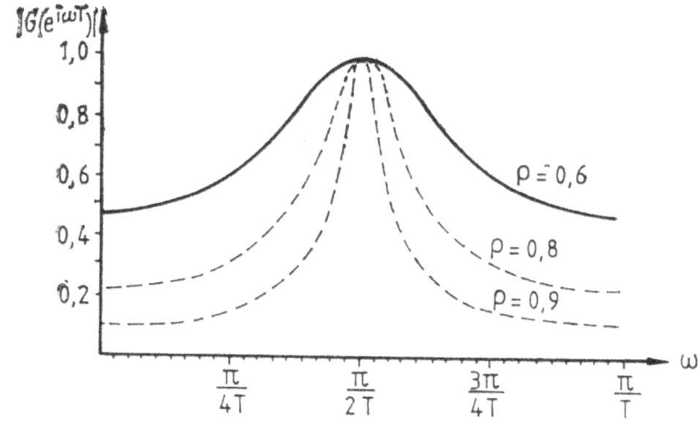

Bild 7.11. Amplitudengang des normierten Bandpasses (7.89)

In Bild 7.11 ist der normierte Amplitudengang für verschiedene Werte von ϱ dargestellt. Über (7.41) läßt sich der Phasengang des Systems finden.

$$\varphi(\omega) = 2\omega T - \arctan \frac{\sin \omega T - \varrho \sin \omega_0 T}{\cos \omega T - \varrho \cos \omega_0 T} - \arctan \frac{\sin \omega T + \varrho \sin \omega_0 T}{\cos \omega T - \varrho \cos \omega_0 T} \,. \qquad (7.90)$$

8. Zeitdiskrete Systeme und stochastische Signale

8.1. Einleitung

Bei der vorliegenden Darstellung war bisher immer explizit oder auch implizit davon ausgegangen worden, daß die auf ein System einwirkenden Signale deterministischer Natur sind. Insbesondere eine zeitdiskrete Signalfolge heißt deterministisch, wenn die zukünftigen Signalwerte exakt vorhergesagt oder vorausberechnet werden können. Im Gegensatz dazu heißen Signalfolgen stochastisch, wenn ihre zukünftigen Werte nur im stochastischen Sinne vorausbestimmbar sind. Das Verhalten physikalischer Systeme und speziell der hier im Vordergrund stehenden Regelungssysteme ist niemals exakt vorausberechenbar, so daß eine deterministische Betrachtungsweise immer nur eine erste Näherung sein kann. Es zeigt sich aber, daß eine Einbeziehung statistischer Elemente in die Signal- und Systembeschreibung einerseits keine wesentliche Komplizierung darstellt, da die Beschreibung des Signalverarbeitungsverhaltens von Regelungssystemen wesentlich auf der deterministischen Beschreibung aufbaut. Zum anderen wird die theoretische Durchdringung aber wesentlich praxisnäher.

In diesem Kapitel werden einige wichtige Grundbegriffe zur Beschreibung zeitdiskreter stochastischer Prozesse und der Zusammenhang zwischen Signal- und Systemkenngrößen zunächst allgemein für lineare Übertragungssysteme dargestellt. Dies dient als Grundlage für die Beschreibung der Verhältnisse bei Regelungssystemen unter dem Einfluß stochastischer Signale, die im Kapitel 9 ausführlicher im Zusammenhang mit dem Problem der Zustandsschätzung und optimalen Regelung stochastisch gestörter Systeme behandelt wird. Im folgenden wird davon ausgegangen, daß der Leser einige Grundkenntnisse der Wahrscheinlichkeitstheorie besitzt. Die nachfolgend nur sehr knapp dargestellten allgemeinen Grundlagen der mathematischen Statistik dienen im wesentlichen der Festlegung der Nomenklatur und können keinesfalls eine gründliche Darstellung (z. B. [GN], [MO], [MÜ], [PA]) ersetzen.

8.2. Zufallsveränderliche

Die uns in dieser Darstellung interessierenden stochastischen Signale werden mittels Methoden der mathematischen Statistik und Wahrscheinlichkeitstheorie beschrieben. Die Wahrscheinlichkeitstheorie befaßt sich mit mathematischen Modellen für Versuche, die vom Zufall abhängen. Die beobachtbaren Ergebnisse eines Versuches heißen Ereignisse und werden hier mit A, B, C, ... bezeichnet. Wenn ein Ereignis nur auf eine Weise und mit keinem anderen Ereignis zusammen auftreten kann, heißt es ein Elementarereignis e. Die Gesamtheit aller Elementarereignisse eines Versuches bilden das Ereignisfeld (Indexmenge) $I=(e_1, e_2, \ldots e_n)$. Jede Teilmenge $A= =(e_1, e_2, \ldots e_k)$ mit $1 \leqq k \leqq n$ heißt ein zufälliges Ereignis in I. Das sichere Ereignis ist das, das immer, das unmögliche das, das niemals auftritt. Die Verknüpfung verschiedener Ereignisse und der mit ihnen verbundenen statistischen Kennwerte geschieht mittels der BOOLEschen Algebra.

Jedem zufälligen Ereignis A wird eine reelle nichtnegative Zahl $p(A)$ mit $0 \leqq p(A) \leqq 1$ zugeordnet, die die Wahrscheinlichkeit für das Auftreten des zufälligen Ereignisses angibt. Die Wahrscheinlichkeit $p(A)$ kann aus Überlegungen a priori festgelegt oder durch Untersuchungen, z. B. Ermittlung der relativen Häufigkeit für das Auftreten eines Ereignisses, bestimmt sein.

Zur mathematischen Beschreibung werden Zufallsgrößen eingeführt, die den Elementarereignissen zugeordnet werden:

$$x := \psi(e_i) \quad i=1, 2, \ldots$$

Dies ist erforderlich, da in vielen Fällen die Elementarereignisse weder Zahlen noch Funktionen sind, mit denen mathematisch operiert werden kann. Eine auf allen Elementarereignissen eines Wahrscheinlichkeitsfeldes erklärte Funktion wird eine zufällige Größe genannt. Den Zufallsvariablen werden weitere Größen und Funktionen zugeordnet. Die Verteilungsfunktion:

$$W_x(u) = p\,(x \leqq u), \quad -\infty < u < \infty, \tag{8.1}$$

gibt die Wahrscheinlichkeit dafür an, daß x einen Wert kleiner u annimmt, und hat die allgemeinen Eigenschaften:

$$0 \leqq W_x(u) \leqq 1; \quad W_x(u_1) \geqq W_x(u_a), \quad \forall\, u_1 \geq u_a,$$

$$\lim_{u \to -\infty} W_x(u) = 0, \quad \lim_{u \to \infty} W_x(u) = 1,$$

$$p\,(u_1 \leqq x \leqq u_2) = W_x(u_2) - W_x(u_1)\,.$$

Definition 8.1:

Gibt es eine nicht negative Funktion $w_x(u)$ derart, daß

$$W_x(u) = \int_{-\infty}^{u} w_x(\xi)\, \mathrm{d}\xi\,, \tag{8.2}$$

dann heißt $w_x(u)$ die Verteilungsdichtefunktion zur Verteilungsfunktion

$W_x(u)$ mit den Eigenschaften:

$$\int_{-\infty}^{+\infty} w_x(u)\, du = 1 \,,$$

$$p\,(u_1 \leqq x \leqq u_2) = \int_{u_1}^{u_2} w(u)\, du \,.$$

Sind mehrere Zufallsvariablen über dem gleichen Wahrscheinlichkeitsfeld definiert, werden Verbundverteilungs- und Verbundverteilungsdichtefunktionen eingeführt. Für den häufigen Fall zweier Variablen x und y tritt an Stelle von (8.1) und (8.2)

$$W_{x,y}(u, v) = p\,(x \leqq u, y \leqq v), \quad -\infty < u, v < \infty \,, \tag{8.3}$$

$$W_{x,y}(u, v) = \int_{-\infty}^{u} \int_{-\infty}^{v} w_{x,y}(\xi, \eta)\, d\xi d\eta \,. \tag{8.4}$$

Häufig interessiert die Verteilungsfunktion einer Zufallsveränderlichen x für den Fall, bei dem ein möglicher Wert u_1 der Variablen bekannt ist. Unter der bedingten Verteilungsfunktion versteht man dann die Beziehung:

$$W_x(u \mid u_1) = p\,(x \leqq u \mid u_1) = \int_{-\infty}^{u} w_x(\xi \mid u_1)\, d\xi \,. \tag{8.5}$$

Einer zufälligen Größe werden über die Verteilungsdichtefunktion weitere statistische Kenngrößen als Erwartungswerte zugeordnet. Der Erwartungswert einer Funktion $f(x)$ wird gebildet mit

$$E[f(x)] = \int_{-\infty}^{\infty} f(u) \cdot w_x(u)\, du \tag{8.6}$$

und ist ein linearer Operator. Für $f(x) = x^n$ erhalten wir aus (8.6) die Momente der Verteilungsdichtefunktion:

$$E[x^n] = \int_{-\infty}^{\infty} u^n \cdot w_x(u)\, du \,, \tag{8.7}$$

wobei mit $n = 1$ der lineare Mittelwert $E[x] = m_x$ und $n = 2$ der quadratische Mittelwert $E[x^2]$ sowie die Varianz

$$E\,[(x - E[x])^2] = E\,[(x - m_x)^2] = \sigma_x^2$$

besondere Bedeutung haben.

Die Erwartungswerte für mehrere Zufallsgrößen über ein Wahrscheinlichkeitsfeld werden mittels der Verbundverteilungsdichte gebildet. Für den Fall zweier Variablen x und y zunächst allgemein:

$$E[f(x, y)] = \int_{-\infty}^{\infty} \int_{-\infty}^{\infty} f(u, v) \cdot w_{x,y}(u, v)\, du dv \,. \tag{8.8}$$

Im Zusammenhang der vorliegenden Darstellung interessieren hier vor allem der einfache Produktmittelwert

$$E[x \cdot y] = \int_{-\infty}^{\infty} \int_{-\infty}^{\infty} u \cdot v \cdot w_{x,y}(u, v) \, du dv \tag{8.9}$$

und die Kovarianz:

$$E\,[(x - m_x)\,(y - m_y)] = E[x \cdot y] - m_x m_y \,. \tag{8.10}$$

Definition 8.2:

Die beiden Zufallsgrößen x und y heißen

a) statistisch unabhängig, wenn gilt:

$$W_{x,y}(u, v) = W_x(u) \cdot W_y(v) \,, \tag{8.11}$$

b) unkorreliert, wenn

$$E[x \cdot y] = E[x] \cdot E[y] = m_x m_y \,, \tag{8.12a}$$

c) orthogonal, wenn

$$E[x \cdot y] = 0 \,. \tag{8.12b}$$

Sind über ein Wahrscheinlichkeitsfeld mehr als zwei Zufallsgrößen definiert, werden – wie weiter unten in dieser Darstellung – diese Variablen als Komponenten eines Zufallsgrößenvektors geschrieben, um den Formelapparat übersichtlicher zu machen.

8.3. Stochastische Prozesse

Ein stochastischer Prozeß kann als eine Schar von Zufallsvariablen definiert werden, die von einem weiteren Parameter abhängt, der in der Anwendung häufig und vor allem im Zusammenhang dieser Darstellung die Zeit repräsentiert

$$x(t, e) =: \{x(t, e),\, t \in T,\, e \in I\} \,. \tag{8.13}$$

Ist die Indexmenge T definiert zu $T = \{t;\, 0 \leqq t \leqq \infty\}$, spricht man von einem zeitkontinuierlichen Prozeß. Für $T = \{t_k;\; k = 0, 1, 2, \ldots\}$ haben wir es mit einem zeitdiskreten Prozeß zu tun. In (8.13) ist I das Wahrscheinlichkeitsfeld, dem die Elementarereignisse e der Zufallsvariablen angehören. Für festgehaltene Zeit ist $x(t, e)$ eine Zufallsveränderliche und für feste e eine Zeitfunktion, die Musterfunktion oder Realisierung des stochastischen Prozesses genannt wird.

Aus der Tatsache, daß ein stochastischer Prozeß ein Ensemble von Zufallsgrößen umfaßt, folgt unmittelbar, daß die statistischen Kenngrößen zur Beschreibung von Zufallsgrößen auch zur Beschreibung stochastischer

Prozesse heranzuziehen sind. Diese Kenngrößen, wie Verteilung, Verteilungsdichte und Erwartungswerte, werden dann im allgemeinen ebenso wie der stochastische Prozeß selbst von dem Parameter t abhängen. Im folgenden werden deshalb die im vorstehenden Abschnitt eingeführten Kenngrößen nicht noch einmal wiederholt, sondern nur weiter ergänzt.

Häufig wird ein stochastischer Prozeß $x(t, e)$ zu verschiedenen diskreten Zeitpunkten t_i, $i=1, 2, \ldots$ gleichzeitig betrachtet, um seine statistischen Eigenschaften zu beschreiben. Zu diesem Zweck werden die Funktionen $x(t_1), x(t_2), \ldots$ insgesamt wieder als Zufallsgrößen aufgefaßt.

Definition 8.3:

Läßt sich der k-dimensionalen Zufallsvariablen $[x(t_1), x(t_2), \ldots x(t_k)]$ eine Verteilungsfunktion der Form

$$W_x(u_1, u_2, \ldots u_k, t_1, t_2, \ldots t_k) = p(x(t_1) \leqq u_1, \ldots, x(t_k) \leqq u_k) \qquad (8.14)$$

zuordnen, dann heißt (8.14) die endlich dimensionale Verteilung des Prozesses.

Eine weitere wichtige Möglichkeit, einen stochastischen Prozeß zu beschreiben, besteht darin, ihn als Funktion eines bekannten Prozesses anzugeben. Hierauf wird weiter unten noch näher eingegangen.

Analog zur statistischen Kennzeichnung der Zufallsgrößen werden auch für stochastische Prozesse Erwartungswerte eingeführt. So ist der lineare Mittelwert eines stochastischen Prozesses definiert durch:

$$m_x(t) = E[x(t)] = \int_{-\infty}^{\infty} u(t)\, w_x(u, t)\, \mathrm{d}u\,, \qquad (8.15)$$

worin die Verteilungsdichtefunktion $w_x(u, t)$ und damit auch der Mittelwert $m_x(t)$ im allgemeinen Funktionen der Zeit sind.

Für die Kovarianz von $x(t_1)$ und $x(t_2)$ gilt

$$\begin{aligned} \Gamma_x(t_1, t_2) &= E\ \{[x(t_1) - m_x(t_1)]\,[x(t_2) - m_x(t_2)\} \qquad (8.16) \\ &= \int_{-\infty}^{\infty} \int_{-\infty}^{\infty} [u_1 - m_x(t_1)]\,[u_2 - m_x(t_2)]\, w_x(u_1, u_2, t_1, t_2)\, \mathrm{d}u_1 \mathrm{d}u_2\,. \end{aligned}$$

Definition 8.4:

Ein stochastischer Prozeß $x(t)$ ist stationär, wenn die endlich dimensionale Verteilung (8.14) für $x(t_1), x(t_0), \ldots x(t_k)$ identisch mit der Verteilung für $x(t_1+\tau), x\,(t_0+\tau), \ldots x\,(t_k+\tau)$ für alle τ ist. Ein Prozeß heißt stationär im weiten Sinn, wenn der lineare Mittelwert zeitinvariant ist und die Autokorrelationsfunktion

$$E[x(t_1)\, x(t_2)] = \Phi_x(\tau) = \Phi_x\,(t_2 - t_1)$$

nur von der Zeitdifferenz $\tau = t_2 - t_1$ abhängt.

Definition 8.5:

Ein stationärer stochastischer Prozeß heißt ergodisch, wenn die Ensemble-Mittelwerte gleich den zeitlichen Mittelwerten über eine Musterfunktion sind, also für die Momente gilt:

$$E[x^n(t)] = \int_{-\infty}^{\infty} u^n(t, e)\, w_x(u(t))\, \mathrm{d}u = \lim_{T \to \infty} \frac{1}{2T} \int_{-T}^{T} u^n(t, e)\, \mathrm{d}t\,. \tag{8.17}$$

Die Ergodenhypothese besagt, daß mit der Wahrscheinlichkeit $p=1$ die gleichen statistischen Aussagen über einen stochastischen Prozeß entweder durch zeitliche Mittelung einer Musterfunktion oder durch Ensemblemittelung gewonnen werden können. Mittels der Ergodenhypothese wird der Anschluß an die mathematische Wahrscheinlichkeitstheorie für all die praktischen Probleme hergestellt, bei denen nur einzelne stochastische Signale vorliegen, die dann als Musterfunktionen eines ergodischen stochastischen Prozesses gedeutet werden.

Definition 8.6:

Ein stochastischer Prozeß $x(t)$ heißt normal- oder GAUSSverteilt, wenn die Verbundverteilung von $x(t_1)$, $x(t_2), \ldots, x(t_k)$ für alle $k=1, 2, \ldots$ eine k-dimensionale Normalverteilung ist.

Ein normalverteilter Prozeß ist bekanntlich vollständig charakterisiert, wenn die Mittelwerte:

$$m_i = E[x(t_i)], \quad i=1, 2, \ldots k\,, \tag{8.18}$$

und die Kovarianzen:

$$r_{ij} = E\,\{[x(t_i) - m_i]\,[x(t_j) - m_j]\} \tag{8.19}$$

bekannt sind. Mit $\boldsymbol{m} = [m_1, m_2, \ldots m_k]^T$ und

$$\boldsymbol{R} = \begin{bmatrix} r_{11} & r_{12} \cdots r_{1k} \\ r_{12} & r_{22} \cdots r_{2k} \\ \cdots & \cdots \\ r_{1k} & r_{2k} \cdots r_{kk} \end{bmatrix}$$

kann die Normalverteilung geschrieben werden

$$w_x(x_1, x_2, \ldots x_k, t_1, t_2, \ldots t_k) \tag{8.20}$$

$$= (2\pi)^{-k/2}\, |\boldsymbol{R}|^{-1/2} \exp\left\{-\frac{1}{2}\,[\boldsymbol{x} - \boldsymbol{m}]^T \boldsymbol{R}^{-1}\,[\boldsymbol{x} - \boldsymbol{m}]\right\}.$$

Definition 8.7:

Ein stochastischer Prozeß $x(t)$ heißt ein MARKOV-Prozeß, wenn mit $t_i \in T$

und $t_1 < t_2 < \ldots < t_k < t_{k+1}$ für die bedingte Verteilungsfunktion gilt:

$$W(x(t_{k+1}) \mid x(t_1), x(t_2), \ldots x(t_k)) = W(x(t_{k+1}) \mid x(t_k)) \,. \tag{8.21}$$

Diese Definition und insbesondere (8.21) besagt, daß bei einem MARKOV-Prozeß das stochastische Verhalten in der Zukunft nur von den gegenwärtigen Werten des Prozesses aber nicht vom Verhalten des Prozesses in der Vergangenheit abhängt. Diese Eigenschaft eines MARKOV-Prozesses wird weiter unten bei der Erzeugung stochastischer Prozesse durch dynamische Modelle wichtig sein, da MARKOV-Prozesse durch Zustandsmodelle 1. Ordnung zu erzeugen sind. Im Zusammenhang der Definitionen 8.2 und 8.6 gilt dieses wichtige Ergebnis:

Satz 8.1:

Zwei GAUSSverteilte Prozesse $\boldsymbol{x}(t)$ und $y(t)$, die nicht miteinander korreliert sind, für die also mit (8.12a) gilt

$$E[\boldsymbol{x}(t)\, \boldsymbol{y}(t)] = E[x(t)]\, E[y(t)] \,,$$

sind stochastisch unabhängig.

8.4. Kennzeichnung zeitdiskreter stochastischer Signale

Ausgehend von der vorstehenden allgemeinen Beschreibung stochastischer Prozesse, wenden wir uns nun zeitdiskreten Signalen zu, die durch statistische Kenngrößen zu beschreiben sind. Für das zeitdiskrete Signal $x(k)$ mit $k = \ldots -2, -1, 0, 1, 2, \ldots$ sind zunächst diese zeitlichen Mittelwerte definiert:

linearer Mittelwert:

$$\overline{x(k)} = \lim_{N \to \infty} \frac{1}{2N+1} \sum_{k=-N}^{N} x(k) \,, \tag{8.22}$$

quadratischer Mittelwert:

$$\overline{x^2(k)} = \lim_{N \to \infty} \frac{1}{2N+1} \sum_{K=-N}^{N} x^2(k) \,. \tag{8.23}$$

Definition 8.8:

Zu einem zeitdiskreten stochastischen Prozeß $\{x(k)\}$, $k = \ldots -2, -1, 0, 1, 2, \ldots$ heißen

$$m_x(k) = E[x(k)] \tag{8.24}$$

der Mittelwert,

$$\Phi_x(k, l) = E[x(k)\, x(l)] \tag{8.25}$$

die Autokorrelationsfunktion

und $\Gamma_x(k, l) = E\,[(x(k) - m(k))\,(x(l) - m(l))]$ (8.26)

die Kovarianzfunktion des Prozesses.

Wird das Signal $x(k)$ als eine Musterfunktion eines zeitdiskreten stochastischen Prozesses gedeutet, der der Ergodenhypothese genüge, dann gilt auch

$$\bar{x}(k) = m_x = E[x(k)]$$

und $\overline{x^2(k)} = E[x^2(k)]$.

Von besonderer Bedeutung für die Kennzeichnung eines stochastischen Signals ist die Autokorrelationsfunktion in der Form eines verallgemeinerten quadratischen Mittelwertes. Für das zeitdiskrete Signal $x(k)$ gilt:

$$\Phi_x(l) = \lim_{N \to \infty} \frac{1}{2N+1} \sum_{k=-N}^{N} x(k)\, x\,(k+l)\;. \tag{8.27}$$

Die (zeitdiskrete) Autokorrelationsfunktion $\Phi_x(l)$ zu einer Signalfolge wird durch Mittelwertbildung über das Produkt des Signals $x(k)$ mit der um l Zeiteinheiten verschobenen Zeitfolge $x\,(k+l)$ gebildet. Die Autokorrelations-

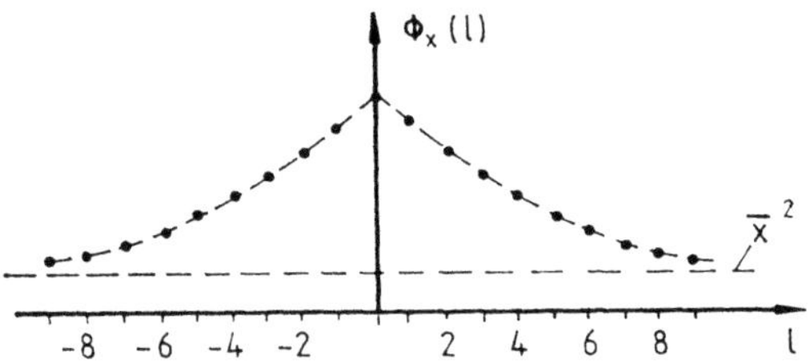

Bild 8.1. Typischer Verlauf einer Autokorrelationsfunktion eines zeitdiskreten Signals $x(k)$

funktion $\Phi_x(l)$ ist eine Zeitfolge in l (Bild 8.1) und hat für stochastische Signale diese wesentlichen Eigenschaften:

$$\Phi_x(l) = \Phi_x(-l)\;, \tag{8.28a}$$

$$\Phi_x(0) = \overline{x^2(k)}\;, \tag{8.28b}$$

$$\Phi_x(0) \geqq \Phi_x(l), \quad \forall l = \ldots -1, 0, 1, \ldots, \tag{8.28c}$$

$$\lim_{l \to \infty} \Phi_x(l) = [\overline{x(k)}]^2 = m_x^2\;. \tag{8.28d}$$

Die Kreuzkorrelationsfunktion zweier zeitdiskreter Signale $x(k)$ und $y(k)$ ist definiert zu:

$$\Phi_{xy}(l) = \lim_{N \to \infty} \frac{1}{2N+1} \sum_{k=-N}^{N} x(k)\; y\,(k+l) \tag{8.29}$$

und hat die Eigenschaften:

$$\Phi_{xy}(l) = \Phi_{yx}(-l) \tag{8.30a}$$

$$\Phi_{xy}(0) = \overline{x(k)\, y(k)} \tag{8.30b}$$

$$|\Phi_{xy}(l)| \leqq [\Phi_x(0) + \Phi_y(0)] \tag{8.30c}$$

$$\lim_{l \to \infty} \Phi_{xy}(l) = m_x \cdot m_y \,. \tag{8.30d}$$

Da die Korrelationsfunktionen zeitdiskreter Signale auch diskrete Folgen sind, können sie der z-Transformation in der hier bevorzugten Deutung als Erzeugende Funktion (s. a. Abschnitt 3.1. vom Einführungsband [SWG]) unterworfen werden. In Anlehnung an die Bezeichnung und Deutung bei zeitkontinuierlichen stochastischen Signalen [SD] bezeichnen wir die z-transformierte Korrelationsfunktion als diskrete Spektralleistungsdichte.

Definition 8.9:

Bei einem im weiteren Sinne stationären zeitdiskreten Prozeß wird das diskrete Leistungsspektrum aus der zugehörigen Autokorrelationsfunktion gebildet zu

$$S_x(z) = \mathcal{Z}\{\Phi_x(l)\} = \sum_{l=-\infty}^{\infty} \Phi_x(l)\, z^{-l} \,. \tag{8.31}$$

Wegen (8.28a) ist zunächst

$$S_x(z) = S_x(z^{-1}) \,, \tag{8.32}$$

womit diskrete Leistungsspektren in Form gerader rationaler Funktionen auch aufzuspalten sind zu:

$$S(z) = \psi(z)\, \psi(z^{-1}) \tag{8.33}$$

mit der Phasenminimumfunktion $\psi(z)$, die in Abschnitt 7.4 beschrieben wurde. Falls $\psi(z)$ konvergiert für alle $|z| > R_+$ dann konvergiert $\psi(z^{-1})$ für alle $|z| < 1/R_+ = R_-$, womit für die Konvergenz von (8.31) innerhalb eines Gebietes der z-Ebene gelten muß

$$1/R_+ > |z| > R_+ \,. \tag{8.34}$$

Neben der Faktorisierung der Spektralfunktion (8.31), auf die unten noch weiter eingegangen wird, existiert für (8.31) auch diese Zerlegung:

$$S_x(z) = \sum_{l=-\infty}^{0} \Phi_x(l)\, z^{-l} + \sum_{l=0}^{\infty} \Phi_x(l)\, z^{-l} - \Phi_x(0) \tag{8.35}$$

$$= \sum_{l=0}^{\infty} \Phi_x(l)\, z^{-l} + \sum_{l=0}^{\infty} \Phi_x(-l)\, z^{l} - \Phi_x(0)$$

$$=S_x^+(z)+S_x^-(z)-\Phi_x(0)$$
$$=S_x^+(z)+S_x^+(z^{-1})-\Phi_x(0)\,.$$

Hier wurden die Verläufe der Korrelationsfolge für positive Zeitpunkte l und für negative l getrennt der z-Transformation unterworfen und mit $S_x^+(z)$ bzw. $S_x^-(z)$ bezeichnet. Wegen der Symmetrieeigenschaften der Autokorrelationsfunktion und der zugehörigen diskreten Spektralfunktion wird man in der Praxis die Funktionen immer nur für $l \geqq 0$ berechnen. Da die Korrelationsfolge für positive l mit zunehmendem l abnimmt, hat $S_x^+(z)$ nur Pole im Inneren des Einheitskreises $|z|=1$, und wir werden noch zeigen, daß damit die Pole von $S_x^-(z)$ außerhalb von $|z|=1$ liegen.

Während die z-Transformierte der Autokorrelationsfolge wegen (8.32) eine reelle Funktion der komplexen Variablen z ist, ist die z-Transformierte einer Kreuzkorrelationsfolge $\Phi_{xy}(l)$

$$S_{xy}(z)=\mathcal{Z}\{\Phi_{xy}(l)\}=\sum_{l=-\infty}^{\infty}\Phi_{xy}(l)\,z^{-l} \tag{8.36}$$

im allgemeinen eine komplexe Funktion:

$$S_{xy}(z)=\mathrm{Re}\,\{S_{xy}(z)\}+i\,\mathrm{Im}\,\{S_{xy}(z)\}\,. \tag{8.37}$$

Die diskreten Spektralfunktionen sind einer Deutung im Frequenzbereich analog zu den Verhältnissen bei kontinuierlichen Signalen [SD] zugänglich, wenn der Frequenzgang mit $z=e^{i\omega T}$ untersucht wird, wie es in Abschnitt 7.3. diskutiert wurde. Die zu (8.31) und (8.36) gehörenden Frequenzgangfunktionen sind dann wieder wie bei den Frequenzgängen zeitdiskreter Filter periodische Funktionen in $\Omega=\omega T$, die dann normalerweise nur bis $\omega T=\Omega=\pi$ ausgewertet werden.

Für zeitdiskrete Signale besteht ein Zusammenhang zwischen Autokorrelations- und Spektralfunktion, der analog zu dem Leistungsbegriff bei kontinuierlichen Signalen ist:

Satz 8.2:

Zu einem im weiteren Sinn stationären Prozeß $x(k)$ mit Mittelwert $m_x=0$ gehöre die Spektralfunktion $S_x(z)$, dann gilt:

$$E[x^2(t)]=\Phi_x(0)=\frac{1}{2\pi}\int_{-\pi}^{\pi}S_x(e^{i\Omega})\,\mathrm{d}\Omega\,. \tag{8.38}$$

Der Beweis kann geführt werden, indem in (8.38) Gl. (8.31) eingeführt wird

$$\frac{1}{2\pi}\int_{-\pi}^{\pi}S_x(e^{i\Omega})\,\mathrm{d}\Omega=\frac{1}{2\pi}\int_{-\pi}^{+\pi}\sum_{l=-\infty}^{\infty}\Phi_x(l)\,e^{-il\Omega}\mathrm{d}\Omega$$
$$=\frac{1}{2\pi}\sum_{l=-\infty}^{\infty}\Phi_x(l)\int_{-\pi}^{\pi}e^{-il\Omega}\mathrm{d}\Omega=\Phi_x(0)\,,$$

da $$\int_{-\pi}^{\pi} e^{il\Omega} d\Omega = \begin{cases} 2\pi & \text{für} \quad l = 0, \\ 0 & \text{für} \quad l \neq 0. \end{cases} \tag{8.39}$$

In Anlehnung an die Verhältnisse bei kontinuierlichen Systemen gilt:

Definition 8.10:

Ein ergodischer stochastischer Prozeß $x(k)$ heißt weißer Prozeß, wenn für den Frequenzgang der zugehörigen zeitdiskreten Spektraldichtefunktion gilt

$$S_x(\Omega) =: S_x(z) \,|_{z=e^{i\Omega}} = \text{const}\,. \tag{8.40}$$

Ausgehend von der Spektralfunktion $S_x(\Omega)$ läßt sich die zugehörige Autokorrelationsfunktion so darstellen [AS]:

$$\Phi_x(l) = \frac{1}{2\pi} \int_{-\pi}^{\pi} S_x(\Omega)\, e^{il\Omega} d\Omega, \quad l = \ldots -1, 0, 1, \ldots \tag{8.41}$$

Für einen weißen Prozeß nach Definition 8.10 sei $S_x(\Omega) = S_0$, dann gilt mit (8.41)

$$\Phi_x(l) = \frac{1}{2\pi} \int_{-\pi}^{\pi} S_0 e^{il\Omega} d\Omega = \frac{S_0}{2\pi} \int_{-\pi}^{\pi} e^{il\Omega} d\Omega = \begin{cases} S_0, & l = 0, \\ 0, & l \neq 0. \end{cases} \tag{8.42}$$

Dies bedeutet, daß ein weißer Prozeß für verschiedene Zeitpunkte unkorreliert ist, d. h. statistisch unabhängig. Ist bei einem weißen Prozeß die Amplitudenverteilung darüber hinaus gaußisch, dann sprechen wir von einem normal verteilten weißen Prozeß. Für die Autokorrelationsfunktion des weißen Geräusches in Gl. (8.42) kann auch abgekürzt geschrieben werden:

$$\Phi_x(l) = S_0 \delta(l) = \sigma_x^2 \delta(l) \quad \text{mit} \quad \delta(l) = \begin{cases} 1 & \text{für} \quad l = 0 \\ 0 & \text{für} \quad l \neq 0\,. \end{cases} \tag{8.42a}$$

8.5. Abgetastete stochastische Signale

Die in Abschnitt 7.2. behandelten Gesetzmäßigkeiten bei der Abtastung kontinuierlicher Signale gelten im Prinzip sowohl für deterministische als auch für stochastische Signale. So gilt insbesondere das SHANNONsche Abtastgesetz mit der Vorschrift, die Tastzeit T so zu wählen, daß die obere Grenzfrequenz ω_g des zugehörigen Signalspektrums – bei stochastischen Signalen des Wirkleistungsspektrums – noch erfaßt wird; es muß also $T \leqq \frac{\pi}{\omega_g}$ gewählt werden. Es lohnt dennoch, kurz auf die abgetasteten statistischen Signale einzugehen, da die statistische Beschreibung der abgetasteten stochastischen Signale entscheidend von der Wahl der Beschreibungsmethode des Abtastvorganges abhängt [KU].

Es sei $x(t)$ ein stationärer ergodischer Prozeß mit den Korrelationsfunktionen [SD] als Zeitmittelwert

$$\Phi_x(\tau) = \lim_{T \to \infty} \frac{1}{2T} \int_{-T}^{T} x(t)\, x\,(t+\tau)\, \mathrm{d}t \tag{8.43}$$

und als Ensemblemittelwert

$$\Phi_x(\tau) = \int_{-\infty}^{\infty} \int_{-\infty}^{\infty} u_1 u_2 w_x(u_1, u_2, \tau)\, \mathrm{d}u_1 \mathrm{d}u_2\,. \tag{8.44}$$

Wir nehmen nun an, daß das Signal $x(t)$ durch die mittels eines idealen Abtasters gewonnenen Abtastwerte

$$x(k) = x(kT) = x(t)\,|_{t=lT} \tag{8.45}$$

allein charakterisiert sei. Es kann gezeigt werden, daß, wenn $x(t)$ eine Musterfunktion eines stationären ergodischen Prozesses ist, auch $x(k)$ Musterfunktion eines ergodischen Prozesses ist. Die Verteilungsdichtefunktion des abgetasteten Prozesses $x(k)$ sei mit w_{x*} bezeichnet. Dann gilt wegen der vorausgesetzten Ergodizität von $x(t)$ für die Verteilungsdichtefunktion

$$w_{x*}(u_1, u_2, lT) = w_x(u_1, u_2, \tau)\,|_{\tau=lT}\,. \tag{8.46}$$

Damit kann die Autokorrelationsfunktion von $x(k)$ als Ensemblemittelwert angegeben werden zu:

$$\Phi_{x(k)}(lT) = \int_{-\infty}^{\infty} \int_{-\infty}^{\infty} u_1 u_2 w_{x*}(u_1, u_2, lT)\, \mathrm{d}u_1 \mathrm{d}u_2, \tag{8.47}$$

$$l = \ldots -2,\ -1,\ 0,\ 1,\ 2,\ \ldots$$

Wird diese Beziehung mit der für den zugrundeliegenden kontinuierlichen Prozeß (8.44) verglichen, finden wir:

$$\Phi_{x(k)}(lT) = \Phi_x(\tau)\,|_{\tau=lT} = \Phi_x(lT), \quad l = \ldots -2,\ -1,\ 0,\ 1,\ 2,\ \ldots \tag{8.49}$$

Damit ist aber gezeigt, daß, wenn $x(t)$ Musterfunktion eines ergodischen Prozesses ist, die zeitlichen Mittelwerte von $x(t)$ und die entsprechenden Mittelwerte der zugehörigen zeitdiskreten Folge identisch sind. Wir fassen dies für die Anwendung wichtige Ergebnis zusammen in:

Satz 8.3:

Das kontinuierliche Signal $x(t)$ sei Musterfunktion eines ergodischen Prozesses, dann ist auch die zeitdiskrete Folge

$$x(k) = x(t)\,|_{kT}, \quad k = \ldots -2,\ -1,\ 0,\ 1,\ 2,\ \ldots, \tag{8.50}$$

Musterfunktion eines ergodischen Prozesses. Darüberhinaus gilt, daß die zeitlichen Mittelwerte für $x(t)$ dem Mittelwert über die zeitdiskrete Folge $x(k)$ gleich sind:

$$m_x = \lim_{T\to\infty} \frac{1}{2T} \int_{-T}^{T} x(t)\, \mathrm{d}t = \lim_{N\to\infty} \frac{1}{2N+1} \sum_{k=-N}^{N} x(t)\,|_{t=kT}\,, \tag{8.51}$$

$$\overline{x^2} = \lim_{T\to\infty} \frac{1}{2T} \int_{-T}^{T} x^2(t)\, \mathrm{d}t = \lim_{N\to\infty} \frac{1}{2N+1} \sum_{k=-N}^{N} x^2(t)\,|_{t=kT}\,, \tag{8.52}$$

$$\Phi_x(lT) = \left[\lim_{T\to\infty} \frac{1}{2T} \int_{-T}^{T} x(t)\, x\,(t+\tau)\, \mathrm{d}t\right]_{\tau=lT} = \Phi_x(\tau)\,|_{T=lT} \tag{8.53}$$

$$= \lim_{N\to\infty} \frac{1}{2N+1} \sum_{k=-N}^{N} x(kT)\, x\,(kT+lT), \quad l = \ldots -2,\, -1,\, 0,\, 1,\, 2, \ldots$$

Die praktische Bedeutung dieses Satzes liegt darin, daß durch ideale Abtastung und darauf folgende zeitdiskrete Signalverarbeitung mittels Digitalrechner die auch für die regelungstechnische Anwendung wichtigen statistischen Kenngrößen stochastischer kontinuierlicher Signale „ermittelt" werden können. Damit die Ergebnisse korrekt bleiben, wenn die Signalübertragung mittels komplexer Funktionen der z-transformierten Signal- und Systemfunktionen bearbeitet werden soll, muß die z-Transformation in der hier verwendeten Form als erzeugende Funktion angewendet werden.

Wird hingegen, wie in vielen Lehrbüchern üblich, zur Beschreibung des physikalischen Abtastvorganges eines technischen Analog/Digital-Umsetzers eine physikalisch real nicht interpretierbare Impulsflächenmodulation auf der Basis eines Deltaimpulsträgers benutzt

$$x^*(t) = \sum_{k=-\infty}^{\infty} x(t)\, \delta\,(t-kT)\,,$$

wird man auf einen nichtstationären stochastischen Prozeß geführt, bei dem Zeit- und Ensemblemittelwert nicht mehr übereinstimmen. Je nachdem ob man dann für den Zeit- oder den Ensemblemittelwert der Korrelationsfunktion über die LAPLACE-Transformation eine Spektralfunktion zuordnet, findet man unterschiedliche Ausdrücke, die sich zumindest um Maßstabsfaktoren von der hier definierten Spektralfunktion (8.31) unterscheiden. Diese für die Anwendung vollständig überflüssigen Schwierigkeiten können vermieden werden, wenn, wie hier in dieser Darstellung, nicht auf die Beschreibung mittels Deltaimpulsträger zurückgegriffen wird.

Beispiel 8.1:

Zu einem kontinuierlichen stochastischen Signal $x(t)$ mit dem Wirkleistungsspektrum

$$S_x(\omega)=\frac{36}{36+\omega^2}$$

sind die zeitdiskrete Autokorrelationsfolge und das diskrete Wirkleistungsspektrum zu bestimmen.

Dem Wirkleistungsspektrum kann eine LAPLACE-Transformierte zugeordnet werden

$$S_x(s)=\frac{36}{36-s^2}=\frac{R_1}{6+s}+\frac{R_2}{6-s}=S_x^+(s)+S_x^-(s)\ ,$$

worin $S_x^+(s)$ dem positiven Zeitverlauf der Autokorrelationsfunktion $\Phi(\tau)=\mathfrak{L}^{-1}\{S_x(s)\}$ und $S_x^-(s)$ dem negativen Zeitverlauf zugeordnet sind.

Mit $R_1=(s+6)\,S_x(s)\,|_{s=-6}=3$ und entsprechend $R_2=3$ erhalten wir

$$S_x^+(s)=\frac{3}{6+s};\quad S_x^-(s)=\frac{3}{6-s}\ .$$

über eine Tabelle der LAPLACE-Transformation (z. B. [SW 2]) finden wir

$$\Phi_x(\tau)=3\mathrm{e}^{-6\tau},\ \tau\geqq 0,$$

$$\Phi_x(\tau)=3\mathrm{e}^{+6\tau},\ \tau<0\ ,$$

und damit über (8.49):

$$\Phi_x(l)=3\mathrm{e}^{-6|lT|},\quad l=\ldots-2,\ -1,0,1,2,\ldots,$$

$$=3\ \{\mathrm{e}^{-6lT}\cdot 1(lT)+\mathrm{e}^{6lT}\,[1-1\ (lT-T)]-\delta(lT)\},$$

$$l=\ldots-2,\ -1,0,1,2,\ldots,$$

$$=\mathfrak{Z}^{-1}\ \{S_x^+(z)+S_x^-(z)-\Phi_x(0)\}\ .$$

Mittels der Tabelle der z-Transformation (Korrespondenz 4 in Tabelle 4.3) erhalten wir dann schließlich:

$$S_x(z)=3\left[\frac{z}{z-\mathrm{e}^{-6T}}+\frac{z^{-1}}{z^{-1}-\mathrm{e}^{-6T}}-1\right]=3\ \frac{1-\mathrm{e}^{-12T}}{(1-\mathrm{e}^{-6T}z^{-1})\ (1-\mathrm{e}^{-6T}z)}$$

8.6. Stochastische Differenzengleichungen

In diesem Abschnitt wird eine erste Verbindung zwischen Systemkenngrößen und den statistischen Kenngrößen stochastischer Signale hergestellt. Diese Beziehungen dienen vor allem auch der Modellierung stochastischer Prozesse bzw. Signale.

Definition 8.11:

Unter einer stochastischen Differenzengleichung wird eine Differenzengleichung verstanden, deren Störfunktion $v(k)$ ein stochastisches Signal ist

$$\boldsymbol{x}\,(k+1) = \boldsymbol{g}(\boldsymbol{x}(k), k) + \boldsymbol{v}(k)\,. \tag{8.54}$$

Eine stochastische Differenzengleichung heißt linear, wenn sie in Form dieser linearen Differenzengleichung vorliegt:

$$\boldsymbol{x}\,(k+1) = \boldsymbol{A}(k)\,\boldsymbol{x}(k) + \boldsymbol{B}(k)\,\boldsymbol{e}(k)\,, \tag{8.55}$$

worin $\boldsymbol{e}(k)$ ein noch näher zu definierender Vektor stochastischer Signale ist.

Wie den vorstehenden Gleichungen zu entnehmen ist, betrachten wir hier Zustandsmodelle mit Vektorvariablen. Statistische Kenngrößen für Vektorvariablen werden durch sinngemäße Erweiterung der in den vorstehenden Abschnitten zunächst für skalare Prozesse definierten Kenngrößen auf die Elemente der Vektoren gewonnen. So ist z. B. $\boldsymbol{e}(k)$ in (8.55) eine (Vektor-)Musterfunktion eines stochastischen (Vektor)-Prozesses. Im Hinblick auf die Anwendung bei der in Kapitel 9 behandelten Optimalfilter werden hier in (8.55) lineare zeitvariable Systeme betrachtet, bei denen insbesondere die Systemmatrix $\boldsymbol{A}(k)$ den Übergang des Systemzustandes zum Zeitpunkt k auf den zum Zeitpunkt $k+1$ beschreibt. In der Literatur wird diese Systemmatrix häufig auch ausführlicher notiert zu $\boldsymbol{A}\,(k+1, k)$, oder noch allgemeiner $\boldsymbol{A}(l, k)$ für den Übergang vom Zeitpunkt t_k zum Zeitpunkt t_l.

Eine gewöhnliche Differenzengleichung, wie sie ausführlich in Abschnitt 2 behandelt wurde, ist gelöst, wenn die Werte der Variablen $\boldsymbol{x}(k)$ für alle Zeiten t_k bekannt sind. Da eine gewöhnliche Differenzengleichung jeden Wert $\boldsymbol{x}(k)$ rekursiv vom vorhergehenden Wert definiert, stellt die Differenzengleichung selbst einen Algorithmus zur Erzeugung der Lösung dar. Analog hierzu wird eine stochastische Differenzengleichung als gelöst bezeichnet, wenn wir die Verbundverteilungsdichtefunktion der Werte der Zustandsvariablen für jeden beliebigen Zeitpunkt kennen. Wir werden sehen, daß der durch (8.54) bzw. (8.55) beschriebene stochastische Prozeß ein Markov-Prozeß gemäß Definition 8.7 ist.

Wir betrachten nun die lineare normale stochastische Differenzengleichung

$$\boldsymbol{x}\,(k+1) = \boldsymbol{A}(k)\,\boldsymbol{x}(k) + \boldsymbol{e}(k), \quad k = k_0, k_0+1, k_0+2, \ldots, \tag{8.56}$$

mit $\boldsymbol{x} \in R_n$, worin $\{\boldsymbol{e}(k),\ k = k_0, k_0+\mathbf{1}, \ldots\}$ die Folge eines n-dimensionalen normalverteilten und stochastisch unabhängigen Zufallsvektors ist. Wegen der vorausgesetzten statistischen Unabhängigkeit und der Normalverteilung gilt zunächst mit Satz 8.1 für den Produktmittelwert:

$$E[\boldsymbol{e}(k)\cdot\boldsymbol{e}^T(l)] = E[\boldsymbol{e}(k)]\cdot E[\boldsymbol{e}(l)]^T \quad \forall\, k \neq l\,. \tag{8.57}$$

Der Vektor $\boldsymbol{e}(k)$ ist auch unabhängig von $\boldsymbol{x}(k)$. Die vorausgesetzte Normalverteilung[1]) von $\boldsymbol{e}(k)$ ist vollständig bestimmt durch das erste und zweite Moment, die für den Vektorprozeß hin notiert werden zu:

$$E[\boldsymbol{e}(k)] = [0\ 0\ \ldots\ 0]^T \tag{8.58a}$$

$$E[\boldsymbol{e}(k)\ \boldsymbol{e}^T(k)] = \begin{bmatrix} r_{11}(k) & \ldots & r_{1n}(k) \\ \ldots & \ldots & \ldots \\ r_{1n}(k) & \ldots & r_{nn}(k) \end{bmatrix} = \boldsymbol{R}_1(k) \tag{8.58b}$$

Es wird ferner angenommen, daß auch der Anfangszustand $\boldsymbol{x}(k_0)$ GAUSS-verteilt ist, mit dem linearen Mittelwert $\boldsymbol{m}_0$ und der Kovarianzmatrix $\boldsymbol{R}_0$.

Wird über (8.56) der lineare Erwartungswert gebildet, erhält man für den Mittelwert die Mittelwertfunktion:

$$\boldsymbol{m}\ (k+1) = E[\boldsymbol{x}\ (k+1)] = E\ [\boldsymbol{A}(k)\ \boldsymbol{x}(k) + \boldsymbol{e}(k)] = \boldsymbol{A}(k)\ \boldsymbol{m}(k);$$

$$k = k_0,\ k_0+1,\ k_0+2, \ldots, \tag{8.59a}$$

$$\boldsymbol{m}(k_0) = E[\boldsymbol{x}(k_0)] = \boldsymbol{m}_0\ , \tag{8.59b}$$

also eine lineare Differenzengleichung mit der Anfangsbedingung (8.59b). Für die Berechnung der Kovarianzfunktion wird zunächst angenommen, daß $\boldsymbol{m}_0 = 0$ gilt; dies ist ohne Verlust an Allgemeingültigkeit, da man jederzeit eine Koordinatentransformation $\boldsymbol{z}(k) = \boldsymbol{x}(k) - \boldsymbol{m}(k)$ durchführen kann, mit der die Bedingung erfüllt ist.

Aus (8.56) erhalten wir zunächst:

$$\begin{aligned} \boldsymbol{x}\ (k+1)\ \boldsymbol{x}^T\ (k+1) &= [\boldsymbol{A}(k)\ \boldsymbol{x}(k) + \boldsymbol{e}(k)]\ [\boldsymbol{A}(k)\ \boldsymbol{x}(k) + \boldsymbol{e}(k)]^T \\ &= \boldsymbol{A}(k)\ \boldsymbol{x}(k)\ \boldsymbol{x}^T(k)\ \boldsymbol{A}^T(k) + \boldsymbol{A}(k)\ \boldsymbol{x}(k)\ \boldsymbol{e}^T(k) \\ &\quad + \boldsymbol{e}(k)\ \boldsymbol{x}^T(k)\ \boldsymbol{A}^T(k) + \boldsymbol{e}(k)\ \boldsymbol{e}^T(k)\ . \end{aligned}$$

Wird nun der mathematische Erwartungswert gebildet und dabei berücksichtigt, daß $\boldsymbol{x}(k)$ und $\boldsymbol{e}(k)$ statistisch unabhängig sind, findet man

$$\boldsymbol{P}\ (k+1) = \boldsymbol{A}(k)\ \boldsymbol{P}(k)\ \boldsymbol{A}^T(k) + \boldsymbol{R}_1(k) \tag{8.60}$$

mit $\boldsymbol{P}(k) = E[\boldsymbol{x}(k)\ \boldsymbol{x}^T(k)]$ und der Anfangsbedingung:

$$\boldsymbol{P}(k_0) = E[\boldsymbol{x}(k_0)\ \boldsymbol{x}^T(k_0)] = \boldsymbol{R}_0\,. \tag{8.61}$$

In (8.60) gibt der erste Summand der rechten Seite an, wie die Varianz des Zustandes zur Zeit t_k durch die Systemdynamik transformiert wird, während

[1]) Die angenommene Normalverteilung ist durch den linearen Mittelwert Null ausgezeichnet.

der zweite Summand die Zunahme der Varianz auf Grund des Störsignals $\boldsymbol{e}(k)$ bestimmt. Wir fassen zusammen in:

Satz 8.4:

Die Lösung der normalen und linearen stochastischen Differenzengleichung (8.56) ist bestimmt durch die Mittelwertfunktion $\boldsymbol{m}(k)$ mit

$$\boldsymbol{m}(k+1)=\boldsymbol{A}(k)\,\boldsymbol{m}(k), \quad k=k_0, k_0+1, \ldots \tag{8.62}$$

$$\boldsymbol{m}(k_0) = \boldsymbol{m}_0$$

und der Kovarianzfunktion

$$\boldsymbol{R}(l, k)=\boldsymbol{A}(l, k)\,\boldsymbol{P}(k)\; l \geqq k\,, \tag{8.63}$$

wobei $\boldsymbol{P}(k)$ die Beziehung

$$\boldsymbol{P}(k+1)=\boldsymbol{A}(k)\,\boldsymbol{P}(k)\,\boldsymbol{A}^T(k)+\boldsymbol{R}_1(k), \quad k=k_0, k_0+1, \ldots, \tag{8.64}$$

mit der Anfangsbedingung $\boldsymbol{P}(k_0)=\boldsymbol{R}_0$ befriedigt.

Sind die Systemmatrix $\boldsymbol{A}$ und die Kovarianzmatrix $\boldsymbol{R}_1$ konstant, dann folgt aus (8.64) für $k_0=0$:

$$\boldsymbol{P}(k)=\boldsymbol{A}^k\boldsymbol{R}_0(\boldsymbol{A}^T)^k+\sum_{i=0}^{k-1}\boldsymbol{A}^i\boldsymbol{R}_1(\boldsymbol{A}^T)^i, \quad k=0, 1, \ldots \tag{8.65}$$

Ist $\boldsymbol{A}$ die Matrix eines stabilen Systems, gilt also für alle Eigenwerte $|\lambda_i(\boldsymbol{A})|<$ <1, $i=1, 2, \ldots, n$, dann konvergiert die Reihe in (8.65) zu:

$$\boldsymbol{P}=\lim_{k\to\infty}\boldsymbol{P}(k) \tag{8.66}$$

und der Grenzwert zu (8.64) führt auf:

$$\boldsymbol{P}_\infty=\boldsymbol{A}\boldsymbol{P}_\infty\boldsymbol{A}^T+\boldsymbol{R}_1\,. \tag{8.67}$$

Damit wurde festgestellt, daß für lineare zeitdiskrete stochastische Differenzengleichungen die bedingte Verteilungsfunktion für gegebene $\boldsymbol{x}(k)$ wiederum eine Normalverteilung ist. Deren Mittelwert und Kovarianz kann in einfacher Weise rekursiv berechnet werden.

Mittels stochastischer Differenzengleichungen können dann ebenso wie bei kontinuierlichen Signalen dynamische Systeme als Formfilter [SD] eingesetzt werden. Diese Formfilter können stochastische Signale mit vorgegebenen statistischen Merkmalen aus einer Rauschsignalquelle mit weißem Rauschen erzeugen, wie es im nächsten Abschnitt noch näher erläutert wird.

8.7. Übertragungssysteme und stochastische Signale

Wir betrachten nun Übertragungssysteme nach Bild 8.2 mit der Gewichtsfolge $g(k)$ bzw. der Übertragungsfunktion $G(z)=\mathcal{Z}\{g(k)\}$.

Dann gilt auch für stochastische Signale für den Zusammenhang zwischen

Eingangs- und Ausgangssignalfolge die Faltungssummation:

$$y(k) = \sum_{p=-\infty}^{\infty} g(p)\, u\,(k-p), \quad k = \ldots -1, 0, 1, \ldots \tag{8.68}$$

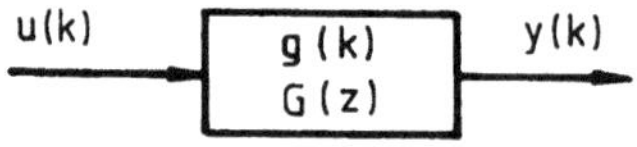

Bild 8.2. Zeitdiskretes Übertragungssystem

Bildet man den Erwartungswert zu (8.68), dann konvergieren die beteiligten Reihen im quadratischen Mittel [AS]:

$$m_y(k) = E[y(k)] = E\left[\sum_{p=-\infty}^{\infty} g(p)\, u\,(k-p)\right]$$

$$= \sum_{p=-\infty}^{\infty} g(p)\, E[u\,(k-p)] = \sum_{p=-\infty}^{\infty} g(p)\, m_u\,(k-p); \tag{8.69}$$

$$k = \ldots -1, 0, 1, \ldots$$

Geht man davon aus, daß das betrachtete stochastische Signal am Eingang Musterprozeß eines stationären ergodischen Prozesses ist, dann kann an Stelle von (8.69) auch der zeitliche Mittelwert treten mit:

$$m_y = \lim_{N\to\infty} \frac{1}{2N+1} \sum_{k=-N}^{N} y(k) = \lim_{N\to\infty} \frac{1}{2N+1} \sum_{k=-N}^{N} \sum_{p=-\infty}^{\infty} g(p)\, u\,(k-p)$$

$$= \sum_{p=-\infty}^{\infty} g(p)\, m_u = m_u \sum_{p=0}^{\infty} g(p)\,, \tag{8.70}$$

wobei nach Definition $g(p) = 0 \;\; \forall p < 0$ gilt.

Bei dieser Beziehung wurde unter anderem davon Gebrauch gemacht, daß $u(k)$ ein stationärer Prozeß mit $m_u = \text{const}$ ist, und für die Gewichtsfolge per Definition gilt $g(k) = 0,\; k < 0$.

Gegebenenfalls kann für die Kovarianzfunktion eines nichtstationären Prozesses analog wie oben für den linearen Mittelwert vorgegangen werden. Wir wollen uns hier aber zunächst auf stationäre ergodische Prozesse beschränken.

Zusammen mit (8.27) erhält man aus (8.68) für die Autokorrelationsfolge des Ausgangssignals als zeitlichen Mittelwert:

$$\Phi_y(l) = \lim_{N\to\infty} \frac{1}{2N+1} \sum_{k=-N}^{N} y(k)\, y\,(k+l), \quad l = \ldots, -1, 0, 1, \ldots,$$

$$= \lim_{N\to\infty} \frac{1}{2N+1} \sum_{K=-N}^{N} \sum_{p=-\infty}^{\infty} g(p)\, u\,(k-p) \sum_{q=-\infty}^{\infty} g(q)\, u\,(k+l-q)\,. \tag{8.71}$$

Wird die Reihenfolge der Summationen vertauscht, finden wir:

$$\begin{aligned}\Phi_y(l) &= \sum_{p=-\infty}^{\infty} g(p) \sum_{q=-\infty}^{\infty} g(q) \lim_{N\to\infty} \frac{1}{2N+1} \sum_{K=-N}^{N} u\,(k-p)\, u\,(k-q+l) \\ &= \sum_{p=-\infty}^{\infty} g(p) \sum_{q=-\infty}^{\infty} g(q)\, \Phi_u\,(l+p-q)\,, \qquad (8.72)\end{aligned}$$

also die Autokorrelationsfunktion des Ausgangssignals als doppelte Faltung mit der Autokorrelationsfunktion des Eingangsignals. Für die Kreuzkorrelationsfunktion zwischen Eingangs- und Ausgangsfolge gilt mit (8.29) und (8.68)

$$\begin{aligned}\Phi_{uy}(l) &= \lim_{N\to\infty} \frac{1}{2N+1} \sum_{k=-N}^{N} u(k) \sum_{p=-\infty}^{\infty} g(p)\, u\,(k+l-p) \qquad (8.73) \\ &= \sum_{p=-\infty}^{\infty} g(p)\, \Phi_u\,(l-p), \quad l = \ldots = -1, 0, 1 \ldots .\end{aligned}$$

Analog zu den Verhältnissen bei kontinuierlichen Systemen und Signalen werden die Beziehungen übersichtlicher, wenn in den Bereich der transformierten Variablen übergegangen wird. Anwendung der z-Transformation auf (8.70) liefert zunächst

$$\begin{aligned}m_y &= \mathfrak{Z}\left\{m_u \sum_{p=0}^{\infty} g(p)\right\} = \mathfrak{Z}\left\{\lim_{k\to\infty} \sum_{p=0}^{k} g(p)\right\} m_u \\ &= m_u \cdot \lim_{k\to\infty} \mathfrak{Z}\left\{\sum_{p=0}^{k} g(p)\right\} .\end{aligned}$$

Über die Korrespondenzen 12 und 16 in Tabelle A 4.1 erhält man schließlich

$$m_y = m_u \lim_{k\to\infty} \frac{1}{1-z^{-1}}\, G(z) = m_u \lim_{z\to 1} G(z) = m_u G(1)\,. \qquad (8.74)$$

Wir wenden nun die z-Transformation auf (8.72) an und finden

$$\begin{aligned}S_y(z) &= \mathfrak{Z}\{\Phi_y(l)\} = \sum_{l=-\infty}^{\infty} \left[\sum_{p=-\infty}^{\infty} g(p) \sum_{q=-\infty}^{\infty} g(q)\, \Phi_u\,(l+p-q)\right] z^{-l} \\ &= \sum_{p=-\infty}^{\infty} g(p)\, z^{-p} \sum_{q=-\infty}^{\infty} g(q)\, z^{q} \sum_{l=-\infty}^{\infty} \Phi_u\,(l+p-q)\, z^{-(l+p-q)} \qquad (8.75) \\ &= G(z)\, G(z^{-1})\, S_u(z) = |G(z)|^2\, S_u(z)\,.\end{aligned}$$

Handelt es sich bei den Übertragungssystemen in Bild 8.2 um ein Mehrgrößensystem mit q-Eingängen, p-Ausgängen und der p, q-Übertragungsmatrix $\boldsymbol{G}(z)$, dann gilt für den Zusammenhang zwischen den Spektralmatrizen und der Systemübertragungsmatrix entsprechend den Matrizenoperationen bei kontinuierlichen Mehrgrößensystemen [SW 3]

$$\boldsymbol{S}_y(z) = \boldsymbol{G}(z)\, \boldsymbol{G}^T(z^{-1})\, \boldsymbol{S}_u(z)\,. \qquad (8.76)$$

Das Kreuzleistungsspektrum zwischen Ein- und Ausgangssignal ergibt durch Anwendung der z-Transformation auf (8.73) für Eingrößensysteme

$$S_{uy}(z) = \mathcal{Z}\{\Phi_{uy}(l)\} = G(z)\, S_u(z)\,, \tag{8.77}$$

$$S_{yu}(z) = \mathcal{Z}\{\Phi_{yu}(l)\} = G(z^{-1})\, S_u(z) \tag{8.77a}$$

bzw. für Mehrgrößensysteme:

$$\boldsymbol{S}_{uy}(z) = \boldsymbol{G}(z)\, \boldsymbol{S}_u(z)\,, \tag{8.78}$$

$$\boldsymbol{S}_{uy}(z) = S_{yu}(z^{-1})\,. \tag{8.78a}$$

Die Beziehungen (8.75) und (8.76) sind dann auch die Grundlage für die oben schon erwähnten Formfilter, mit denen aus weißen Prozessen stochastische Signale mit vorgegebenen statistischen Kenngrößen erzeugt werden können.

Beispiel 8.2:

Gesucht ist ein Formfilter zur Erzeugung eines Signals mit dem diskreten Wirkleistungsspektrum

$$S_y(\Omega) = S_0 \cdot \frac{1{,}09 + 0{,}6 \cos \Omega}{1{,}36 + 1{,}2 \cos \Omega}\,.$$

Die Faktorisierung muß entsprechend (8.75) erfolgen, wobei mit (8.33) eine Spektralfaktorisierung in Form von Phasenminimumsystemfunktionen erreichbar ist. Mit $\cos \Omega = \frac{e^{i\Omega} + e^{-i\Omega}}{2}$ folgt zunächst:

$$S_y(\Omega) = S_0 \frac{1{,}09 + 0{,}3\, [e^{i\Omega} + e^{-i\Omega}]}{1{,}36 + 0{,}6\, [e^{i\Omega} + e^{-i\Omega}]}\,,$$

mit $z = e^{i\Omega}$ ist dann ferner:

$$S_y(z) = S_0 \frac{1{,}09 + 0{,}3\, [z + z^{-1}]}{1{,}36 + 0{,}6\, [z + z^{-1}]} = S_0 \frac{(z + 0{,}3)\,(z^{-1} + 0{,}3)}{(z + 0{,}6)\,(z^{-1} + 0{,}6)}\,.$$

Das gesuchte Phasenminimumsystem, das das gewünschte Spektrum aus einem weißen Prozeß mit der Varianz $\sigma = 1$ liefert, hat die Form:

$$\psi(z) = \sqrt{S_0}\, \frac{z + 0{,}3}{z + 0{,}6}\,.$$

Man beachte, daß auch das nichtminimalphasige System

$$G(z) = \sqrt{S_0}\, 0{,}3 \cdot \frac{z + 3{,}33}{z + 0{,}6}$$

das gleiche Wirkleistungsspektrum liefert, wie man sich durch Einsetzen in (8.75) überzeugt. Darüberhinaus existieren für die Anwendung unbrauchbare Faktorisierungen, die auf instabile Systemfunktionen führen.

Beispiel 8.3:

Eine skalare stochastische Differenzengleichung

$$x(k+1) = ax(k) + e(k); \quad x_0 = 0, \ |a| < 1 \ ,$$

sei gegeben, in der $e(k)$ eine Folge eines unkorrelierten stochastischen Signals mit der Varianz σ_e^2 sei.

Es ist das Wirkleistungsspektrum des Ausgangssignals $y(k) = x(k)$ und die Varianz des Signals $y(k)$ zu bestimmen.

Anwendung der z-Transformation auf das Zustandsmodell liefert zunächst die Übertragungsfunktion

$$G(z) = \frac{1}{z-a} \ .$$

Mit (8.42) gilt für das Spektrum des (weißen) Eingangssignals $e(t)$:

$$S_e(\Omega) = \sigma_e^2 \ ,$$

so daß das Spektrum des Ausgangssignals mit (8.75) angegeben werden kann zu:

$$S_y(\Omega) = \frac{\sigma_e^2}{(\mathrm{e}^{i\Omega} - a)(\mathrm{e}^{-i\Omega} - a)} \ .$$

Aus (8.67) folgt für die Varianz des Ausgangssignals:

$$\sigma_y^2 = a^2 \sigma_y^2 + \sigma_e^2$$

oder $$\sigma_y^2 = \frac{\sigma_e^2}{1-a^2} .$$

Für ein stabiles Zustandsmodell mit $|a| < 1$ ist also immer:

$$\sigma_y^2 \geqq \sigma_e^2 \ .$$

8.8. Wienersches Optimalfilter

Als Ergänzung zu Kapitel 6 und Vorbereitung der im Kapitel 9 behandelten optimalen Zustandsschätzung und optimalen Regelung stochastisch gestörter Systeme wird im folgenden das WIENERsche Optimalfilterproblem für zeitdiskrete Systeme dargestellt. Es handelt sich dabei um ein Systementwurfsverfahren nach dem mittleren quadratischen Fehler, das weitgehend analog zu der bekannten Problemstellung für kontinuierliche Systeme [SD] verläuft.

In Bild 8.3 ist die Problemstellung, die auf N. WIENER zurückgeht und WIENERsches Optimalfilterproblem heißt, in Form eines Blockschaltbildes skizziert. An einem Nutzsignal $s(k)$, das im allgemeinen Fall ein stochastisches

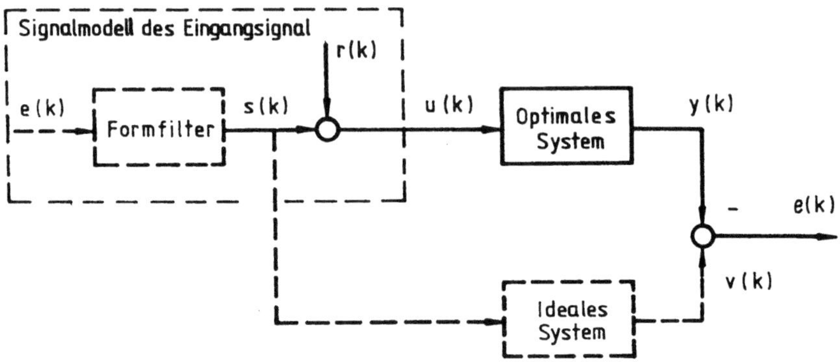

Bild 8.3. Problemstellung des WIENER-Optimalfilterentwurfs

Signal sei und durch ein Formfilter charakterisiert werden kann, soll durch ein reales Optimalsystem $g_0(k)$ eine gewünschte Operation, die durch $G_i(z)$ charakterisiert sei, z. B. Vorhersage, Summierung oder Differenzenbildung, vorgenommen werden. Die Beurteilung der Systemoptimierung erfolgt über eine geeignete Bewertung des Fehlersignals $e(k)$. Das Fehlersignal wird durch die Differenz des gewünschten (Vergleichs-)Signals $v(k)$ und dem Ausgangssignal $y(k)$ des zu synthetisierenden Systems gebildet. Im allgemeinen besteht das Fehlersignal aus zwei Anteilen: $e_1(k)$, dem Anteil, der von der Übertragungsverzerrung herrührt, da ein reales System eine gewünschte ideale Operation nicht exakt ausführen kann. Der zweite Fehleranteil $e_2(k)$ stammt von dem Einfluß zusätzlicher, in den Übertragungskanal einwirkender Störsignale, die bei dieser Problemstellung in dem am Eingang des Optimalfilters einwirkenden Rauschsignal $r(k)$ zusammengefaßt sind.

Im folgenden wird zunächst der Übertragungsfehler $e_1(k)$ alleine berücksichtigt, und die gefundene Lösung wird dann für den Fall zusätzlicher Rauschstörung erweitert.

Als Bewertungskriterium wird der mittlere quadratische Fehler gewählt, der zu minimieren ist. Dies führt einmal auf eine geschlossene analytische Lösung, die physikalisch so interpretiert werden kann, daß die Fehlerleistung minimiert wird. Unterstellt man dann ferner, daß die beteiligten Signale normalverteilt sind, wird durch dieses Kriterium die Varianz des Fehlers minimiert.

Mit $$e(k) = v(k) - y(k), \quad k = \ldots -1, 0, 1, \ldots, \tag{8.79}$$

erhält man für den mittleren quadratischen Fehler:

$$\overline{e^2(k)} = \lim_{N\to\infty} \frac{1}{2N+1} \sum_{k=-N}^{N} e^2(k) = \overline{v^2(k)} - \overline{v(k)\,y(k)} - \overline{y(k)\,v(k)} + \overline{y^2(k)}\,. \tag{8.80}$$

Mit (8.38) kann dies aber auch über die Rücktransformierte der beteiligten Signalspektren geschrieben werden, wobei l die Variable der Korrelationsfunktion ist:

$$\overline{e^2(k)} = \mathcal{Z}^{-1}\,\{S_v(z) - S_{vy}(z) - S_{yv}(z) + S_y(z)\}_{l=0}\,. \tag{8.81}$$

Für die Ausgangssignalfolge des zu optimierenden Systems

$$y(k) = \sum_{j=0}^{k} g_0(j)\; u\,(k-j) \tag{8.82}$$

gelten diese Beziehungen für die Kreuzleistungsspektren:

$$S_{vy}(z) = G(z)\; S_{vu}(z)\,, \tag{8.83}$$

$$S_{yv}(z) = G(z^{-1})\; S_{uv}(z). \tag{8.84}$$

Damit folgt aus (8.81)

$$\overline{e^2(k)} = \mathcal{Z}^{-1}\,\{S_v(z) - G(z)\,S_{vu}(z) - G(z^{-1})\,S_{uv}(z) + G(z)\,G(z^{-1})\,S_u(z)\}_{l=0}\,. \tag{8.85}$$

Um die Übertragungsfunktion $G_0(z)$ des optimalen Systems, das den mittleren quadratischen Fehler minimiert, zu bestimmen, wird ein Variationsproblem formuliert und gelöst. Dazu wird die Übertragungsfunktion des Filters variiert und der Einfluß auf $\overline{e^2(k)}$ bestimmt. In (8.85) wird hierzu $G(z)$ ersetzt durch $G_0(z) + \lambda G_1(z)$, wodurch eine Variation des Fehlers zu: $\overline{e^2(k)} = \overline{e^2_{\min}(k)} + \overline{\delta e^2(k)}$ verursacht wird. Ebenso wie von $G_0(z)$ der Übertragungsfunktion des optimal auszulegenden Systems wird vorausgesetzt, daß $G_1(z)$ ein kausales nichtantizipierendes System beschreibt. Von der mittels des LAGRANGEschen Multiplikators variierten Gl. (8.85) wird (8.85) selbst abgezogen, wodurch für die Variation des Fehlerquadrates gefunden wird:

$$\overline{\delta e^2(k)} = \mathcal{Z}^{-1}\,\{-\lambda G_1(z)\,S_{vu}(z) - \lambda G_1(z^{-1})\,S_{uv}(z) + \lambda G_1(z)\,G_0(z^{-1})\,S_u(z) + \lambda G_1(z^{-1})\,G_0(z)\,S_u(z) + \lambda^2 G_1(z)\,G_1(z^{-1})\,S_u(z)\}\,|_{l=0}\,. \tag{8.86}$$

Damit $G_0(z)$ das gesuchte Optimum liefert, ist notwendig, daß die erste Ableitung der Fehlervariation nach dem Lagrangeschen Parameter λ für $\lambda = 0$ verschwindet:

$$\left[\frac{\partial \overline{\delta e^2(k)}}{\partial \lambda}\right]_{\lambda=0} = 0\,. \tag{8.87}$$

Ferner muß an dieser Stelle die zweite Ableitung positiv sein, damit der mittlere quadratische Fehler ein Minimum ist. Anwendung von (8.87) auf (8.86) liefert zunächst:

$$\mathcal{Z}^{-1}\{G_1(z)\,[G_0(z^{-1})\,S_u(z)-S_{vu}(z)]+G_1(z^{-1})\,[G_0(z)\,S_u(z)-S_{uv}(z)]\}|_{l=0}=0 \tag{8.88}$$

Da die zweite Ableitung

$$\left[\frac{\partial^2\overline{\delta e^2(k)}}{\partial\lambda^2}\right]_{\lambda=0}=\mathcal{Z}^{-1}\{2G_1(z)\,G_1(z^{-1})\,S_u(z)\}\,|_{l=0} \tag{8.89}$$

positiv ist (Wirkleistungsspektren sind positiv, reelle Funktionen ebenso wie die zugehörigen Korrelationsfunktionen), liefert (8.88) tatsächlich den minimalen mittleren quadratischen Fehler. Wird nun (8.88) mittels Korrelations- und Gewichtsfolge notiert, findet man zunächst:

$$\left[\sum_{k=-\infty}^{\infty} g_1(k)\left[\sum_{p=-\infty}^{\infty}[g_0(p)\,\Phi_u\,(l-k+p)-\Phi_{vu}\,(l-k)\right]\right]_{l=0} \tag{8.90}$$
$$+\left[\sum_{k=-\infty}^{\infty} g_1(k)\left[\sum_{p=-\infty}^{\infty} g_0(p)\,\Phi_u\,(l+k-p)-\Phi_{uv}\,(l+k)\right]\right]_{l=0}=0\,.$$

Nun ist aber

$$\Phi_u\,(k-p)=\Phi_u\,(p-k)$$

und $\quad \Phi_{vu}\,(-k)=\Phi_{uv}(k)$,

so daß aus (8.90) für $l=0$ folgt:

$$2\sum_{k=-\infty}^{\infty} g_1(k)\left[\sum_{p=-\infty}^{\infty} g_0(p)\,\Phi_u\,(k-p)-\Phi_{uv}(k)\right]=0\,. \tag{8.91}$$

Da die Gewichtsfolge $g_1(k)$ zu einem nichtantizipierenden kausalen System gehören soll, ist mit $g_1(k)=0$ für $k<0$ Gl. (8.91) für $k<0$ immer erfüllt. Für $k\geqq 0$ soll aber $g_1(k)$ eine beliebige im allgemeinen nicht verschwindende Variation sein, so daß aus (8.91) folgt, daß für $k\geqq 0$ der Ausdruck in der eckigen Klammer selbst verschwinden muß, womit die notwendige Bedingung für den Entwurf des optimalen Systems diese Form erhält:

$$\sum_{p=-\infty}^{\infty} g_0(p)\,\Phi_u\,(k-p)-\Phi_{uv}(k)=0 \quad \forall k\geqq 0\,. \tag{8.92}$$

Wird diese Gleichung der z-Transformation unterworfen, so muß der Ausdruck

$$G_0(z)\,S_u(z)-S_{uv}(z) \tag{8.93}$$

für alle $|z|\leqq 1$ konvergieren, da (8.92) nur für $k\geqq 0$ verschwindet für $k<0$ aber im allgemeinen ungleich Null sein wird. Das bedeutet, daß die Übertragungsfunktion (8.93) keine Pole im Inneren des Einheitskreises $|z|=1$ haben darf. Wird nun das Wirkleistungsspektrum $S_u(z)$ einer Spektralfaktorisierung mit der Phasenminimumfunktion $\psi(z)$ unterworfen

$$S_u(z)=\psi_u(z)\,\psi_u(z^{-1})=S_u^+(z)\,S_u^-(z)\,, \tag{8.94}$$

dann kann (8.93) umgeformt werden

$$S_u^-(z)\left[G_0(z)\,S_u^+(z)-\frac{S_{uv}(z)}{S_u^-(z)}\right], \tag{8.95}$$

wobei auch der Ausdruck in der eckigen Klammer keine Pole im Inneren von $|z|=1$ haben darf. Da aber andererseits $G_0(z)$ ein stabiles System sein muß, dessen Pole alle im Inneren des Einheitskreises liegen, ebenso wie die von $S_u^+(z)$, da $S_u^+(z)$ ein Phasenminimumsystem beschreiben soll, müssen sich in der Klammer die entsprechenden Terme mit Polen im Inneren von $|z|=1$ aufheben. Mit der Aufspaltung

$$\frac{S_{uv}(z)}{S_u^-(z)}=\left[\frac{S_{uv}(z)}{S_u^-(z)}\right]^+ + \left[\frac{S_{uv}(z)}{S_u^-(z)}\right]^-, \tag{8.96}$$

worin $[\cdot]^+$ nur Pole im Inneren und $[\cdot]^-$ nur Pole außerhalb des Einheitskreises haben soll, folgt dann schließlich die Bestimmungsgleichung für das optimale und realisierbare nicht antizipierende System

$$G_{or}(z)\cdot S_u^+(z)-\left[\frac{S_{uv}(z)}{S_u^-(z)}\right]^+=0$$

oder

$$G_{or}(z)=\frac{1}{S_u^+(z)}\left[\frac{S_{uv}(z)}{S_u^-(z)}\right]^+. \tag{8.97}$$

Dieses so bestimmte optimale Übertragungssystem liefert den minimalen quadratischen Fehler für ein gegebenes Signal $u(k)$ und das gewünschte Vergleichssignal $v(k)$. Impliziert das vorgegebene Vergleichssignal $v(k)$, daß nur eine Operation an dem Signal $u(k)$ vorgenommen wird, die durch die „Systemkenngröße“ eines idealen Systems $g_i(k)$ beschreibbar ist, dann ist mit (8.78) $S_{uv}(z)=G_i(z)\,S_u(z)$ und (8.97) kann umgeformt werden zu:

$$G_{or}(z)=\frac{1}{S_u^+(z)}\left[G_i(z)\,\frac{S_u^+(z)S_u^-(z)}{S_u^-(z)}\right]^+=\frac{1}{S_u^+(z)}\,[G_i(z)\,S_u^+(z)]^+\,. \tag{8.98}$$

Wir behandeln nun den in Bild 8.3 mitenthaltenen Fall, bei dem das Signal $u(k)$ aus einer Überlagerung eines Nutzsignals $s(k)$ und eines Störsignals $r(k)$ besteht:

$$u(k)=s(k)+r(k)\,, \tag{8.99}$$

und ferner das gewünschte Signal $v(k)$ das Nutzsignal $s(k)$ sei:

$$v(k) = s(k) ,$$

so daß das optimale Filter gesucht ist. Die stochastischen Kenngrößen haben dann diese Form:

$$\Phi_u(l) = \overline{[s(k) + r(k)]\,[s\,(k+l) + r\,(k+l)]}$$

$$= \Phi_s(l) + \Phi_{sr}(l) + \Phi_{rs}(l) + \Phi_r(l) , \tag{8.100}$$

$$S_u(z) = S_s(z) + S_{sr}(z) + S_{rs}(z) + S_r(z) , \tag{8.100a}$$

$$\Phi_{uv}(l) = \overline{[s(k) + r(k)]\,s\,(k+l)} = \Phi_s(l) + \Phi_{rs}(l) , \tag{8.101}$$

$$S_{uv}(z) = S_s(z) + S_{rs}(z) . \tag{8.101a}$$

Einsetzen von (8.101) und (8.103) in (8.97) liefert dann direkt das gewünschte Optimalfilter. Führt man (8.97) in (8.85) ein, findet man den Wert des mittleren quadratischen Fehlers für das optimale System

$$\overline{e^2_{\min}\,(k)} = \mathcal{Z}^{-1}\,\{S_v(z) - G_{or}(z)\;S_{vu}(z)\}\,|_{l=0} \,. \tag{8.102}$$

Für den in der Praxis häufig auftretenden Fall, daß Nutzsignal $s(k)$ und Störsignal $r(k)$ unkorreliert sind, vereinfachten sich (8.101) und (8.103) zu:

$$S_u(z) = S_s(z) + S_r(z) , \tag{8.103}$$

$$S_{uv}(z) = S_s(z) . \tag{8.104}$$

Beispiel 8.4:

Gegeben ist die Autokorrelationsfunktion eines Nutzsignals zu $\Phi_s(l) = 0{,}5^{|l|}$ sowie das Spektrum eines mit dem Nutzsignal nicht korrelierten weißen Störsignals $S_r(z) = 0{,}64$. Gesucht ist das Wienersche Optimalfilter für $v(k) = s(k)$.

Über (8.35) und die Korrespondenz 5 in Tabelle A 4.2 (Einführungsband [SW 6]) wird zunächst $S_s(z)$ bestimmt:

$$S_s(z) = S_s^+(z) + S_s^-(z) - \Phi_s(0)$$

$$= \frac{1}{1 - 0{,}5\,z^{-1}} + \frac{1}{1 - 0{,}5\,z} - 1 = \frac{0{,}75}{(1 - 0{,}5\,z^{-1})\,(1 - 0{,}5\,z)}$$

$$= \frac{-1{,}5\,z}{(z - 0{,}5)\,(z - 2)} \,.$$

Für $S_u(z)$ gilt:

$$S_u(z) = S_s(z) + S_r(z) = \frac{-1{,}5\,z}{(z - 0{,}5)\,(z - 2)} + 0{,}64$$

$$= 0{,}8^2\;\frac{(z - 4{,}6277)\,(z - 0{,}2161)}{(z - 0{,}5)\,(z - 2)}$$

und damit aus (8.94)

$$S_u^+(z) = 0{,}8\,\frac{(z-0{,}2161)}{z-0{,}5}, \quad S_{u_L}^-(z) = \frac{0{,}8\,(z-4{,}6277)}{(z-2)}\,.$$

Mit der Forderung $v(k) = s(k)$ und daraus $S_{uv}(z) = S_s(z)$ folgt aus (8.97)

$$G_{or}(z) = \frac{(z-0{,}5)}{0{,}8(z-0{,}2161)}\left[\frac{-1{,}5\,z}{(z-0{,}5)\,(z-2)}\cdot\frac{(z-2)}{0{,}8\,(z-4{,}6277)}\right]^+ .$$

Eine Partialbruchentwicklung des Ausdruckes in der Klammer nach dem einzigen Pol $z = 0{,}5$ im Innern von $|z| = 1$ liefert schließlich

$$G_{or}(z) = \frac{0{,}2839}{z-0{,}2161}\,.$$

Im Kapitel 9 wird gezeigt, daß das WIENERsche Optimalfilter ebenso wie das KALMAN-BUCY-Filter eine Nachbildung des Signalmodells des gewünschten Nutzsignals enthält. Diese Nachbildung ist Bestandteil eines Folgeregelkreises, dessen Rückkopplungsverstärkung vom Stör-Nutzsignalverhältnis abhängt. In Bild 8.4 ist das Filterproblem des Beispiels mit der Lösung als Blockschaltbild in dieser Deutung dargestellt.

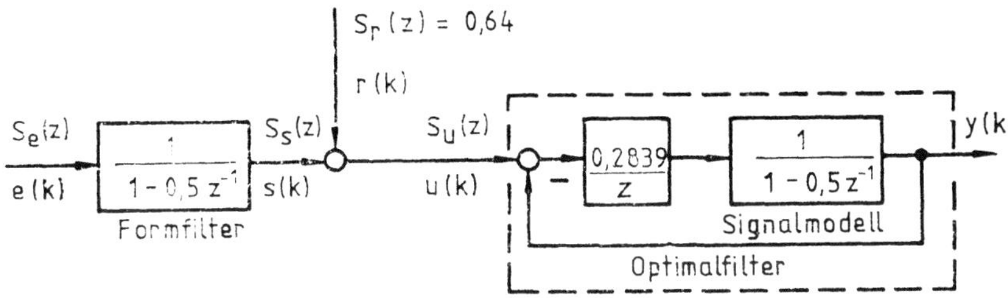

Bild 8.4. WIENERsches Optimalfilter des Beispiels 8.4

Schließlich wird noch der Wert des mittleren quadratischen Fehlers für das Optimalfilter über (8.104) bestimmt zu:

$$\overline{e^2(k)} = \mathcal{Z}^{-1}\,\{S_s(z) - G_{or}(z)\,S_s(z)\}\,\big|_{l=0}$$

$$= \mathcal{Z}^{-1}\left\{\frac{-1{,}5\,z}{(z-2)\,(z-0{,}2161)}\right\}\bigg|_{l=0}.$$

Bei der zugehörigen Korrelationsfunktion ist der positive Zeitverlauf dem Pol bei $|z| < 1$, also $z = 0{,}2161$ zugeordnet. Die Partialbruchentwicklung nach diesem Pol liefert:

$$S^+(z) = \frac{0{,}1817}{(z-0{,}2161)} = \frac{V\cdot 0{,}2161}{z-0{,}2161}\,.$$

Mit der Korrespondenz $\mathscr{Z}^{-1}\left\{\frac{a}{z-a}\right\}=a^k, k\geqq 1$, und $V=0{,}1817/0{,}2161=0{,}841$ erhalten wir den gesuchten Wert des mittleren quadratischen Fehlers:

$$\overline{e^2(k)}=\mathscr{Z}^{-1}\{S^+(z)\}\,|_{l=0}=0{,}841\,.$$

8.9. Äquivalente zeitdiskrete System- und Signalmodelle

Wir betrachten nun die in Bild 8.5 dargestellte Aufgabe, ein stochastisch erregtes kontinuierliches System durch einen zeitdiskreten Regelalgorithmus, durch $R(z)$ beschrieben, und durch ein Halteglied zu regeln. Um die Verhältnisse übersichtlich zu gestalten, wird hier nur der Fall mit einer Stell- und einer Regelgröße behandelt. Die Problemstellung läßt sich aber in einfacher Weise auf Mehrgrößenregelungsprobleme erweitern [SW 4]. Analog zu der in Abschnitt 4.2. dargestellten Vorgehensweise, das kontinuierliche

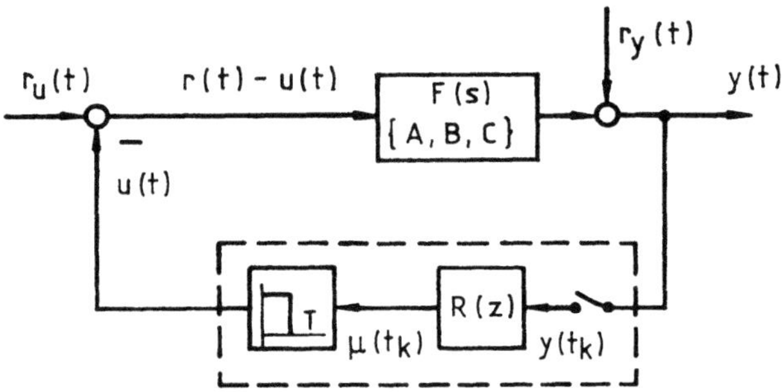

Bild 8.5. Signalflußplan eines linearen hybriden Regelungssystems mit kontinuierlicher zeitinvarianter Regelstrecke und zeitdiskretem Regler bei gleichzeitiger Tastung aller Stell- und Regelgrößen

System durch ein äquivalentes zeitdiskretes System zu repräsentieren und das Gesamtsystem als zeitdiskretes System zu behandeln, werden im folgenden ein zeitdiskretes System und zeitdiskrete Signalmodelle für die auftretenden stochastischen Signale bestimmt. In Bild 8.6 ist das System aus Bild 8.5 umgestellt und angedeutet, welche äquivalenten System- und Signalmodelle zu bestimmen sind.

a) äquivalentes Systemmodell

Das kontinuierliche System in Bild 8.5 bzw. 8.6 genügt diesem Zustandsmodell:

$$\dot{\boldsymbol{x}}_c(t)=\boldsymbol{A}_c\boldsymbol{x}_c(t)+\boldsymbol{b}_c[u_c(t)+r_u(t)] \qquad (8.105)$$
$$y_c(t)=\boldsymbol{c}_c^T\boldsymbol{x}_c(t)+r_y(t)\,.$$

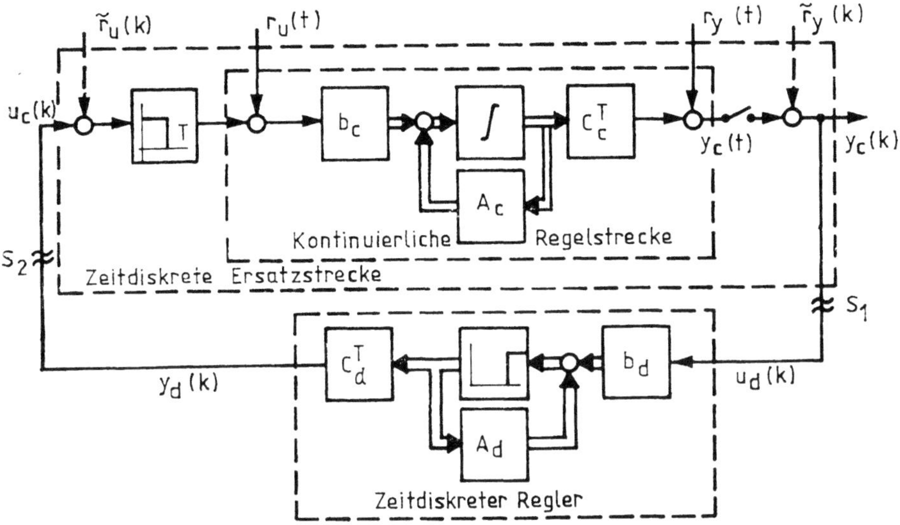

Bild 8.6. Signalflußplan des behandelten hybriden Systems

Für die Tastzeitpunkte t_k bei äquidistanter Abtastung läßt sich hierzu das äquivalente zeitdiskrete System angeben zu:

$$\tilde{\boldsymbol{x}}_c(k+1) = \tilde{\boldsymbol{A}}_c \tilde{\boldsymbol{x}}_c(k) + \tilde{\boldsymbol{b}}_c\,[\tilde{u}_c(k) + \tilde{r}_u(k)]\,, \tag{8.106}$$

das die Verhältnisse zu den Abtastzeitpunkten exakt beschreibt.

Die Systemmatrix $\tilde{\boldsymbol{A}}_c$ und die Steuermatrix $\tilde{\boldsymbol{b}}_c$ werden über diese Beziehungen bestimmt:

$$\tilde{\boldsymbol{A}}_c = \mathrm{e}^{\boldsymbol{A}_c T}; \quad \tilde{\boldsymbol{b}}_c = \left[\int_0^T \mathrm{e}^{\boldsymbol{A}_c t}\mathrm{d}t\right] \boldsymbol{b}_c\,. \tag{8.107}$$

Auf den Zusammenhang der zeitdiskreten stochastischen Signale $\tilde{r}_u(k)$ und $\tilde{r}\,(k)$ zu den zugehörigen kontinuierlichen Signalen wird noch eingegangen.

Der zeitdiskrete Regler in Bild 8.6 wird durch dieses Zustandsmodell beschrieben:

$$\boldsymbol{x}_d(k+1) = \boldsymbol{A}_d \boldsymbol{x}_d(k) + \boldsymbol{b}_d u_d(k) \tag{8.108}$$

$$y_d = \boldsymbol{c}_d^T \boldsymbol{x}_d(k)\,.$$

Mit den Schnittbedingungen an den Schnittstellen S_1 und S_2

$$u_d = y_c(k) \tag{8.109 a}$$

$$\tilde{u}_c = y_d(k) \tag{8.109 b}$$

liefern die Gln. (8.106) und (8.108) die Zustandsgleichung des Gesamtsystems zu:

$$\begin{bmatrix} \tilde{\boldsymbol{x}}_c(k+1) \\ \tilde{\boldsymbol{x}}_d(k+1) \end{bmatrix} = \begin{bmatrix} \tilde{\boldsymbol{A}}_c & \tilde{\boldsymbol{b}}_c \boldsymbol{c}_d^T \\ \boldsymbol{b}_d \boldsymbol{c}_c^T & \boldsymbol{A}_d \end{bmatrix} \begin{bmatrix} \tilde{\boldsymbol{x}}_c(k) \\ \boldsymbol{x}_d(k) \end{bmatrix} + \begin{bmatrix} \tilde{\boldsymbol{b}}_c & 0 \\ 0 & \boldsymbol{b}_d \end{bmatrix} \begin{bmatrix} \tilde{r}_u(k) \\ \tilde{r}_y(k) \end{bmatrix}. \qquad (8.110)$$

Bezeichnet man den $(n = n_c + n_d)$-dimensionalen Zustandsvektor mit

$$\boldsymbol{x}(k) = \begin{bmatrix} \tilde{\boldsymbol{x}}_c(k) \\ \boldsymbol{x}_d(k) \end{bmatrix},$$

den 2-dimensionalen Störsignalvektor mit

$$\boldsymbol{r}(k) = \begin{bmatrix} \tilde{r}_u(k) \\ \tilde{r}_y(k) \end{bmatrix}$$

sowie den Ausgangssignalvektor mit

$$\boldsymbol{y}(k) = \begin{bmatrix} y_c(k) \\ y_d(k) \end{bmatrix},$$

kann Gl. (8.110) in der übersichtlichen Form:

$$\begin{aligned} \boldsymbol{x}(k+1) &= \boldsymbol{A}\boldsymbol{x}(k) + \boldsymbol{B}\boldsymbol{r}(k) \\ \boldsymbol{y}(k) &= \boldsymbol{C}\boldsymbol{x}(k) + \boldsymbol{D}\boldsymbol{r}(k) \end{aligned} \qquad (8.111)$$

notiert werden, worin die Systemmatrizen in dieser Weise definiert sind:

$$\boldsymbol{A} = \begin{bmatrix} \tilde{\boldsymbol{A}}_c & \tilde{\boldsymbol{b}}_c \boldsymbol{c}_d^T \\ \boldsymbol{b}_d \boldsymbol{c}_c^T & \boldsymbol{A}_d \end{bmatrix}; \quad \boldsymbol{B} = \begin{bmatrix} \tilde{\boldsymbol{b}}_c & 0 \\ 0 & \boldsymbol{b}_d \end{bmatrix}$$

$$\boldsymbol{C} = \begin{bmatrix} \boldsymbol{c}_c^T & 0 \\ 0 & \boldsymbol{c}_d \end{bmatrix}; \quad \boldsymbol{D} = \begin{bmatrix} 0 & 1 \\ 0 & 0 \end{bmatrix}.$$

b) aequivalentes Signalmodell des Meßrauschens

Für das weiter unten dargestellte Äquivalenzprinzip ist es wesentlich, daß analog zu dem Vorgehen für die dynamischen Systeme geeignete zeitdiskrete Modelle für die die stochastischen Signale erzeugenden bzw. verformenden Systeme gefunden werden.

Zunächst wird davon ausgegangen, daß die in Bild 8.6 angedeuteten Signale $r_y(t)$ und $r_u(t)$ kontinuierliche stationäre normalverteilte stochastische Prozesse beschreiben. Ein solcher Prozeß kann dann als ein durch ein lineares Formfilter verformter weißer Prozeß mit konstantem Wirkleistungsspektrum aufgefaßt werden. Wir behandeln zunächst das Signal $r_y(t)$, das das Meßrauschen am Systemausgang repräsentiert. Wir haben diese Beziehungen (s. Bild 8.7) für die Wirkleistungsspektren:

$$\begin{aligned} S_w(\omega) &= S_0, \\ S_y(\omega) &= |F(j\omega)|^2 S_0 . \end{aligned} \qquad (8.112)$$

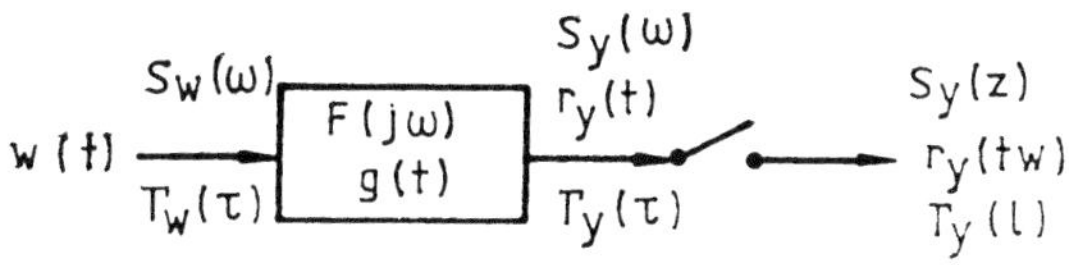

Bild 8.7. Modell für das Signal $r_y(t)$ mit nachgeschaltetem idealen Taster

Für die Autokovarianzfunktion des Signals $r_y(t)$, dessen linearer Mittelwert zu Null angenommen wird, gilt dann:

$$\Gamma_y(\tau) = \frac{1}{2\pi} \int_{-\infty}^{\infty} S_y(\omega)\, e^{i\omega} d\omega = S_0 \int_0^{\infty} g(u)\, g\,(u + \tau)\, du\,, \tag{8.113}$$

worin $g_y(t)$ die Gewichtsfunktion des Formfilters ist, das $r_y(t)$ erzeugt. Wird das kontinuierliche Signal $r_y(t)$ durch einen idealen Taster periodisch abgetastet, dann entsteht die zeitdiskrete Signalfolge

$$r_y(k) = r_y(t)\,|_{t=kT}, \quad k = \ldots, -1, 0, 1, 2, \ldots, \tag{8.114}$$

deren zeitdiskrete Kovarianzfunktion $\Gamma_y(l)$ beschreibbar ist durch:

$$\Gamma_y(l) = \Gamma_y(\tau)\,|_{\tau = lT}, \quad l = \ldots, -1, 0, 1, \ldots \tag{8.115}$$

Soll das Gesamtsystem einschließlich des Signalprozesses mittels eines Digitalrechners untersucht werden, dann besteht eine wesentliche Aufgabe darin, ein zeitdiskretes Formfilter anzugeben, das aus einem zeitdiskreten weißen Rauschen $w_y(k)$ mit der Autokovarianzfunktion

$$\Gamma_w(l) = \lim_{N\to\infty} \frac{1}{2N+1} \sum_{k=-N}^{N} w(k)\, w\,(k+l) = \sigma_w^2 \delta(l) \tag{8.116}$$

$$l = \ldots -1, 0, 1 \ldots$$

einen zeitdiskreten stochastischen Prozeß erzeugt, dessen Autokovarianzfunktion gerade gleich der Gl. (8.115) ist. Es muß also ein $F(j\omega)$ bzw. $g(t)$ äquivalentes Formfilter mit der diskreten Gewichtsfolge $\tilde{g}(k)$ (Bild 8.8) derart gefunden werden, daß gilt

$$\Gamma_y(l) = \lim_{N\to\infty} \frac{1}{2N+1} \sum_{K=-N}^{N} r_y(k)\, r_y\,(k+l). \quad l = \ldots -1, 0, 1 \ldots . \tag{8.117}$$

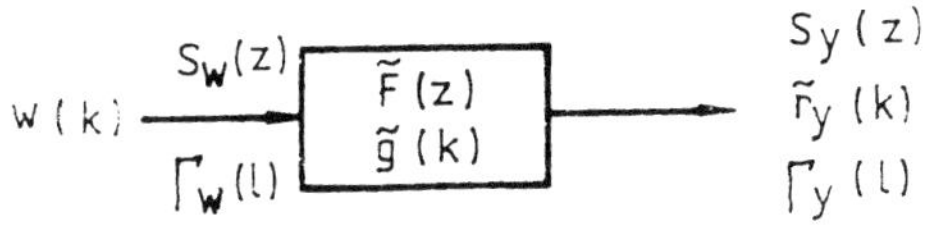

Bild 8.8. Modell des äquivalenten zeitdiskreten Prozesses $r_y(k)$

mit

$$r_y(k) = \sum_{i=0}^{\infty} \tilde{g}_y(i)\, w\,(k-i) \tag{8.118}$$

sowie aus (8.113) und (8.116)

$$\Gamma_y(\tau)\,|_{\tau=lT} = \Gamma_y(l) = \sum_{i=0}^{\infty} \tilde{g}_y(i)\, \tilde{g}_y\,(i+l)\,. \tag{8.119}$$

Der durch diese Beziehung vorgeschriebene Entfaltungsprozeß zur Ermittlung der äquivalenten Gewichtsfunktion wird zweckmäßigerweise mittels der zweiseitigen z-Transformation ausgeführt. Mit $F(z) = \mathfrak{Z}\{g(k)\}$ folgt aus (8.119)

$$\begin{aligned} S_y(z) = S_y(z^{-1}) = \mathfrak{Z}\{\Gamma_y(l)\} &= \sum_{l=-\infty}^{\infty} \Gamma_y(l)\, z^{-l} = F(z)\, F(z^{-1}) \\ &= \psi(z)\, \psi(z^{-1})\,. \end{aligned} \tag{8.120}$$

Nun ist zunächst $\Gamma_y(l)$ eine symmetrische reellwertige Funktion, da auch $\Gamma_y(\tau)$ eine solche Funktion ist. Darüberhinaus sind in den hier interessierenden Fällen, bei denen die zugrundeliegenden kontinuierlichen stochastischen Prozesse durch stochastische Differentialgleichungen in Form gewöhnlicher linearer zeitinvarianter Differentialgleichungen beschrieben werden, die zugehörigen Formfilterfrequenzgänge gebrochen rationale Funktionen. Damit sind die zugeordneten Wirkleistungsspektren (gerade) gebrochen rationale Funktionen. Die gleichen Eigenschaften haben die z-transformierten diskreten Kovarianzfunktionen. Für die hier notwendige durch (8.120) vorgeschriebene Spektralfaktorisierung ist diese Umformung nützlich:

$$\begin{aligned} S_y(z) &= \sum_{l=-\infty}^{\infty} \Gamma_y(l)\, z^{-l} = \sum_{l=-\infty}^{0} \Gamma_y(l)\, z^{-l} + \sum_{l=0}^{\infty} \Gamma_y(l)\, z^{-l} - \Gamma_y(0) \\ &= \sum_{l=0}^{\infty} \Gamma_k(l)\, z^{-l} + \sum_{l=0}^{\infty} \Gamma_y(-l)\, z^{l} - \Gamma_y(0) \\ &= S_y^+(z) + S_y^-(z) - \Gamma_y(0) \\ &= S_y^+(z) + S_y^+(z^{-1}) - \Gamma_y(0)\,. \end{aligned} \tag{8.121}$$

$S_y^+(z)$ ist die Transformierte, die dem für positive Zeiten τ gültigen Teil der Kovarianzfunktion zugeordnet ist. Damit hat $S_y^+(z)$ nur Polstellen im Inneren des Einheitskreises in der z-Ebene. Entsprechend hat $S^-(z)$ und damit $S^+(z^{-1})$ nur Singularitäten außerhalb des Einheitskreises.

Der durch (8.120) und (8.121) beschriebene Weg zur Ermittlung eines zu einem gegebenen kontinuierlichen Formfilter äquivalenten diskreten Formfilters geht in folgenden Schritten vor sich:

1. Ermittlung der Autokovarianzfunktion $\Gamma_y(\tau)$ und damit $\Gamma_y(l)$,
2. Berechnung von $S^+(z) = \mathcal{Z}\{\Gamma_y(l)\}$, $l = 0, 1, 2, \ldots,$
3. Einsetzen von $S^+(z)$ und $S^+(z^{-1})$ sowie von $\Gamma(0)$ in (8.21),
4. Faktorisierung von $S(z)$ in eine Phasenminimumaufspaltung gemäß (8.120), wobei $\psi(z)$ nur Pole und Nullstellen innerhalb des Einheitskreises hat.

Im praktischen Anwendungsfall erfordern die in mathematischer Sicht einfachen Zusammenhänge bei der Spektralfaktorisierung einen erheblichen Rechenaufwand, der in der Regel nur durch den Einsatz von EDV-Maschinen erträglich bleibt, wie am folgenden einfachen Beispiel zu erkennen ist.

Beispiel 8.5:

Gegeben sei ein Formfilter durch seinen Frequenzgang

$$F(p) = \frac{1}{(p+a)\,(p+b)} \quad \text{mit} \quad p = i\omega;$$

gesucht ist das äquivalente zeitdiskrete Formfilter mit

$$\tilde{F}(z) \quad \text{bzw.} \quad \tilde{g}(k)\,.$$

Über $S(\omega) = |F(p)|^2$ und $\Gamma(\tau) = \mathcal{F}^{-1}\{S(\omega)\}$ findet man zunächst

$$\Gamma(\tau) = \frac{1}{2\,(b^2 - a^2)} \left[\frac{e^{-a|\tau|}}{a} - \frac{e^{-b|\tau|}}{b}\right]$$

und damit $\Gamma(l) = \Gamma(\tau)\,|_{\tau = lT}$.

Als nächstes wird $S^+(z)$ bestimmt:

$$S^+(z) = \sum_{l=0}^{\infty} \Gamma(l)\, z^{-l} = \frac{1}{2ab\,(b^2 - a^2)} \times \left[\frac{b}{1 - e^{-aT} z^{-1}} - \frac{a}{1 - e^{-bT} z^{-1}}\right].$$

Mit $S^-(z) = S^+(z^{-1}) = \dfrac{1}{2ab\,(b^2 - a^2)} \left[\dfrac{b}{1 - e^{-aT} z} - \dfrac{a}{1 - e^{-bT} z}\right]$ und $\Gamma(0) =$

$$= \frac{b - a}{2ab\,(b - a^2)}$$

erhält man zunächst für $S(z)$:

$$S(z) = \frac{1}{2ab\,(b^2 - a^2)} \cdot \left[\frac{b}{1 - e^{-aT} z^{-1}} - \frac{a}{1 - e^{-bT} z^{-1}} + \frac{b}{1 - e^{-aT} z} - \frac{a}{1 - e^{-bT} z} - (b - a)\right].$$

Nach einer längeren Umformung, bei der $S(z)$ auf die Form

$$S(z)=\frac{Z(z)}{N(z)}=\frac{Z^{+}(z)\,Z^{+}(z^{-1})}{N^{+}(z)\,N^{+}(z^{-1})}$$

gebracht wurde, wird das gesuchte Formfilter $\psi(z)=\dfrac{Z^{+}(z)}{N^{+}(z)}$ gefunden

$$\psi(z)=A\left[\frac{1+B\mathrm{e}^{-aT}}{1-\mathrm{e}^{-aT}z^{-1}}-\frac{1+B\mathrm{e}^{-bT}}{1-\mathrm{e}^{-bT}z^{-1}}\right]$$

mit den recht kompliziert aufgebauten Konstanten:

$$A=\sqrt{\frac{1}{2ab\,(b^2-a^2)}\,\frac{2(-a\mathrm{e}^{-aT}+b\mathrm{e}^{-bT}+a\mathrm{e}^{-(a+2b)T}-b\mathrm{e}^{-(2a+b)T})^2}{(b-a)-(a+b)\,\mathrm{e}^{-2aT}+(a+b)\,\mathrm{e}^{-2bT}+(a-b)\,\mathrm{e}^{-2(a+b)T}\mathrm{e}^{-bT}\mathrm{e}^{-aT}}}\,,$$

$$B=\frac{b-a-(a+b)\,\mathrm{e}^{-2aT}+(a+b)\,\mathrm{e}^{-2bT}+(a-b)\,\mathrm{e}^{-2(a+b)T}+C}{2\,(b\mathrm{e}^{-bT}-a\mathrm{e}^{-2aT}+a\mathrm{e}^{-(a+2b)T}-b\mathrm{e}^{-(2a+b)T}}\,,$$

$$C=\sqrt{[b-a-(a+b)\,\mathrm{e}^{-2aT}+(a+b)\,\mathrm{e}^{-2bT}+(a-b)\,\mathrm{e}^{-2(a+b)T}]^2-4\,[b\mathrm{e}^{-bT}-a\mathrm{e}^{-aT}+a\mathrm{e}^{-(a+2bT)}-b\mathrm{e}^{-(2a+b)T}]}\,.$$

Mit den gleichen Konstanten A und B ist die diskrete Gewichtsfunktion durch Rücktransformation in den Zeitbereich zu finden:

$$\tilde{g}(k)=A\,[(1+B\mathrm{e}^{-aT})\,\mathrm{e}^{-aT}-(1+B\mathrm{e}^{-bT})\,\mathrm{e}^{-bkT}]\,,\quad k=1,2,\ldots$$

Wird eine Proberechnung über Gl. (8.119) durchgeführt, dann ist nach entsprechend mühsamer Rechnung das Ergebnis zu bestätigen.

Das Beispiel läßt erkennen, was aus der Theorie sofort nachweisbar ist, daß zwar die Eigenbewegungen des Formfilters $g(t)$ in zeitdiskretisierter Form im äquivalenten Filter $\tilde{g}(k)$ erhalten bleiben, daß aber diese Eigenbewegungen durch Koeffizienten gewichtet werden, die in sehr verwickelter Weise aufgebaut sind.

c) äquivalentes Signalmodell des Eingangsrauschens

Als nächstes wird die Gewinnung eines zu $r_u(t)$ in Bild 8.6 äquivalenten diskreten Signals $\tilde{r}_u(k)$ betrachtet. Dieses Problem kann auf das vorstehend unter b) behandelte zurückgeführt werden, wenn die Signaleintrittsstelle an den Systemausgang verlegt wird (Bild 8.9).

Für das Signal $r_u(t)$ ist nun das kombinierte Formfilter verantwortlich, das aus der Hintereinanderschaltung zweier Teilsysteme entsteht und im Zeitbereich beschreibbar ist durch:

$$g_{u1}(t)=\boldsymbol{c}_c^T\mathrm{e}^{\boldsymbol{A}_c t}\boldsymbol{b}_c * g_u(t) \tag{8.122}$$

mit der abgekürzten Notierung für das Faltungsprodukt. Zu diesem Formfilter $g_{u1}(t)$ kann mittels des vorstehend unter b) dargestellten Verfahrens ein äquivalentes zeitdiskretes Formfilter $g_{u1}(k)$ angegeben werden.

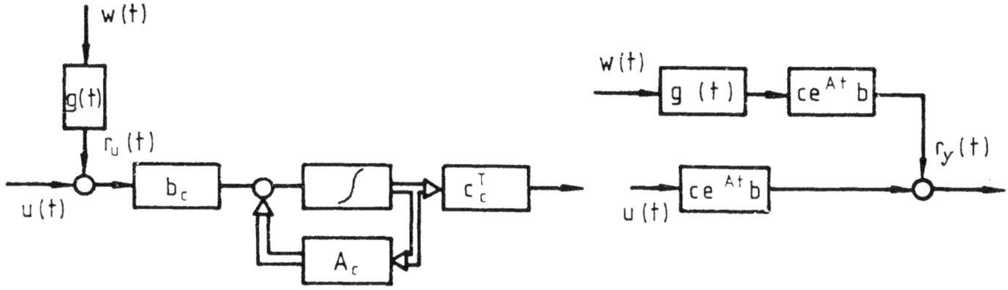

Bild 8.9. Äquivalente Strukturen bei Verlegung der Signaleintrittstellen

Für das Signal $r_u(k)$ vor dem Halteglied in Bild 8.6 gilt zunächst

$$\tilde{r}_u(k) = \tilde{g}_u(k) * w(k) , \tag{8.123}$$

worin $\tilde{g}_u(k)$ ein äquivalentes Formfilter beschreibt, das aus dem zeitdiskreten weißen Prozeß $w(k)$ den gesuchten äquivalenten Prozeß erzeugt. Damit kann dann für den Systemausgang diese Identität notiert werden:

$$\boldsymbol{c}^T \boldsymbol{A}^k \boldsymbol{b} * g_u(k) * w(k) = \tilde{g}_{u1}(k) * w(k) , \tag{8.124}$$

aus der durch Algebraisierung mittels z-Transformation ein expliziter Ausdruck für $\tilde{g}_u(k)$ bzw. $\tilde{F}_u(z) = \mathcal{Z}\{\tilde{g}_u(k)\}$ bestimmt werden kann.

8.10. Äquivalenzprinzip für stochastische und deterministische Signale

Unter gewissen Voraussetzungen können Messungen oder die Lösung von Parameteroptimierungsproblemen bei stochastisch erregten linearen Systemen durch Untersuchungen mittels äquivalenter deterministischer Signale ersetzt werden. Die zugrundeliegenden theoretischen Zusammenhänge für kontinuierliche Systeme und Signale sind ausführlich in [SD] dargestellt. Im folgenden werden in Anlehnung an [SW 4] die entsprechenden Ergebnisse für zeitdiskrete Systeme und Signale behandelt, wobei besonders der Fall der abgetasteten kontinuierlichen Systeme und Signale interessiert.

Die Vorgehensweise beruht wesentlich darauf, daß geeignet zu wählende deterministische Signale die gleiche spektrale Leistungsdichte wie zu untersuchende stochastische Signale haben können. In Bild 8.10 ist das Meßprinzip für die Parameteroptimierung eines linearen kontinuierlichen Folgeregelkreises dargestellt. Der Regelkreis soll nach dem Kriterium des mittleren quadratischen Fehlers so optimiert werden, daß er durch statistische Kenngrößen charakterisierte Führungssignale optimal überträgt. Dabei wird angenommen, daß die Optimierung im Hinblick auf frei zu wählende Parameter des Reglers erfolgen soll. Die statistischen Kenngrößen werden durch ein Formfilter $G_f(i\omega)$ bestimmt, das durch ein weißes normalverteiltes

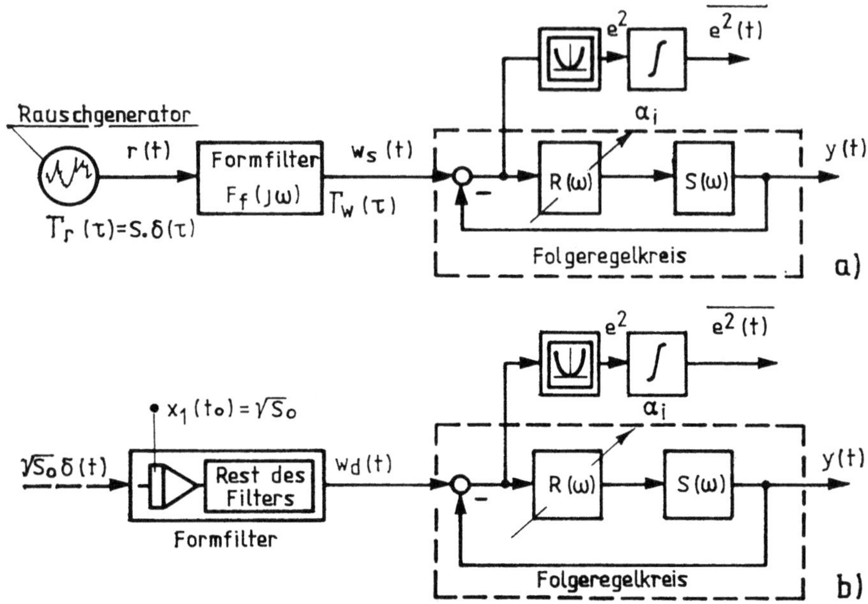

Bild 8.10. Das Äquivalenzprinzip für kontinuierliche lineare Eingrößensysteme a) Meßanordnung für stochastische Signale, b) äquivalenter Versuchsaufbau für deterministische Signale

Rauschsignal $r(t)$ erregt wird (Bild 8.10a). Wird dieses Formfilter durch einen DIRACschen Delta-Impuls erregt (Bild 8.10b), so hat die Gewichtsfunktion des Formfilters als deterministisches Signal ein Spektrum, das den gleichen Verlauf hat wie das Wirkleistungsspektrum am Ausgang des mit einem weißen Geräusch erregten Formfilters. Der mit äquivalenten deterministischen Signalen erregte Folgeregelkreis erhält den kleinsten mittleren quadratischen Fehler für die gleichen Parameter, die für die Versuchsanordnung nach Bild 8.10a gefunden wurden, mit dem wesentlichen Vorteil, daß die Mittelwertbildung um Größenordnungen schneller konvergiert. In Bild 8.10b ist ferner angedeutet, daß die Gewichtsfunktion des Formfilters zweckmäßig nicht näherungsweise als Impulsantwort, sondern exakt als Lösung eines Anfangswertproblems erzeugt wird.

Es soll nun dargestellt werden, daß ein analoges Äquivalenzprinzip auch für zeitdiskrete Signale existiert. Zur Ableitung des Äquivalenzprinzips betrachten wir in Anlehnung an [SD] und [SW 4] das Bild 8.11. Wird dieses lineare System mit einem Ein- und einem Ausgang, dessen Übertragungsverhalten durch die Gewichtsfolge $g(k)$ gekennzeichnet sei, durch ein weißes

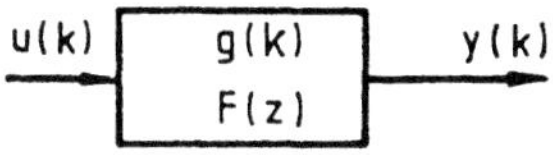

Bild 8.11. Lineares zeitdiskretes Eingrößensystem

Geräusch mit der Kovarianzfunktion

$$\Gamma_u(l) = \sigma^2 \delta(l) \tag{8.125}$$

erregt, dann hat das Ausgangssignal $y(k)$ ein Wirkleistungsspektrum der Form:

$$S_y(z) = \sigma^2 \, |F(z)|^2 = \sigma^2 F(z) \, F(z^{-1}) \tag{8.126}$$

mit $F(z) = \mathfrak{Z}\{g(k)\}$ und

$$S_y(z) = \psi(z) \, \psi(z^{-1}) \, , \tag{8.127}$$

worin $\psi(z)$ ein zeitdiskretes minimalphasiges System ist.

Für den Amplitudengang des Formfilters mit der Gewichtsfolge $g(k)$ bzw. deren z-transformierte $F(z)$ finden wir zunächst

$$|F(z)| = \frac{1}{\sigma} \, |\psi(z)| \, , \tag{8.128}$$

während für die komplexe Übertragungsfunktion $F(z)$ allgemein gilt

$$F(z) = \frac{1}{\sigma} \, \psi(z) \, A(z) \, , \tag{8.129}$$

worin $A(z)$ eine zeitdiskrete Allpassfunktion bedeutet, die das Wirkleistungsspektrum $S_y(z)$ in (8.126) bzw. (8.127) nicht beeinflußt. Die Gewichtsfolge des Formfilters ist mittels der z-Rücktransformation angebbar zu

$$g(k) = \mathfrak{Z}^{-1}\{F(z)\} = \frac{1}{2\pi i} \oint z^{k-1} F(z) \, \mathrm{d}z \tag{8.130}$$

$$= \frac{1}{2\pi i \sigma} \oint z^{k-1} \psi(z) \, A(z) \, \mathrm{d}z \, .$$

Wird das Formfilter durch einen zeitdiskreten Einheitsimpuls der Form

$$u(k) = u_0 \delta(k), \quad k = 0, 1, 2, \dots ,$$

erregt, dann kann das Ausgangssignal im z-Bereich angegeben werden zu:

$$Y(z) = F(z) \, u_0,$$

oder mit (8.129):

$$Y(z) = \frac{u_0}{\sigma.} \, \psi(z) \, A(z) \, . \tag{8.131}$$

Das bedeutet, daß die Impulsantworten aller Formfilter der Form (8.129) als äquivalente Signale zu den stochastischen zeitdiskreten Prozessen $u(k)$ mit dem Wirkleistungsspektrum $S_u(z)$ aus (8.126) anzusehen sind.

Diese Äquivalenz zwischen stochastischen und zugehörigen deterministischen Signalen kann einmal dazu dienen, den Verlauf einer Autokovarianzfunktion durch Messungen an deterministisch äquivalenten Signalen zu gewinnen, wobei die zeitraubenden Mittelungsprozesse für stochastische Signale umgangen werden. Eine besondere Bedeutung hat das Äquivalenzprinzip aber bei der Minimumvarianzoptimierung. So kann eine Parameteroptimierung in bezug auf den mittleren quadratischen Fehler für zeitdiskrete Signale und Systeme analog zu der Versuchsanordnung in Bild 8.10 erfolgen.

Das Äquivalenzprinzip kann auch mit Erfolg für die Systemidentifikation und für die Systemaggregation – Approximation eines Systems höherer Ordnung durch ein System niedrigerer Ordnung – Anwendung finden (Bild 8.12).

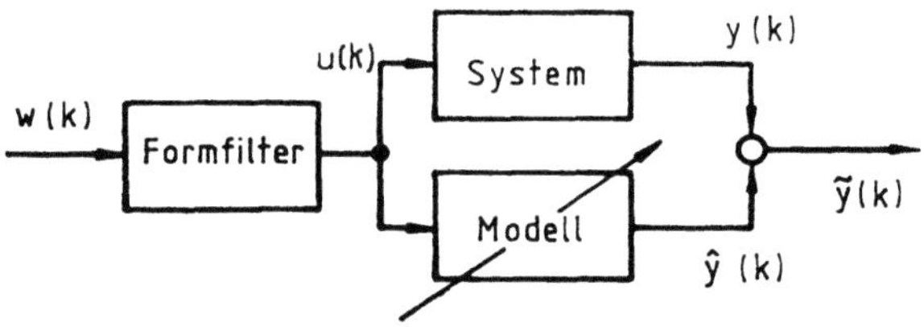

Bild 8.12. Zur Modellbildung mittels Parameteroptimierung

Wird der Modellfehler mit $\tilde{y}(k, \boldsymbol{d})$ bezeichnet, wobei mit $\boldsymbol{d}$ ein Vektor der frei einstellbaren Parameter des Modells bezeichnet sei, dann ist für normalverteilte Eingangssignale $u(k)$ die optimale Modellanpassung nach dem Kriterium der minimalen Varianz des Fehlersignals $\tilde{y}(k, \mathrm{d})$ gleichbedeutend mit der Forderung:

$$J = \sum_{k=0}^{\infty} \tilde{y}^2(k, \boldsymbol{d}) \to \mathrm{Min}\,. \tag{8.132}$$

Dies Gütemaß kann aber mittels der PARSEVALschen Beziehung für zeitdiskrete Signale [AC 1] auch auf eine leichter analytisch bearbeitbare Form im Bereich der z-Transformierten überführt werden

$$J = \sum_{k=0}^{\infty} \tilde{y}^2(k, \boldsymbol{d}) = \frac{1}{2\pi i} \oint z^{-1} Y(z, \boldsymbol{d})\; Y(z^{-1}, \boldsymbol{d})\, \mathrm{d}z\,. \tag{8.133}$$

Wird mit $F(z)$ die Übertragungsfunktion des zu approximierenden Systems, mit $\boldsymbol{F}_m(z, \boldsymbol{d})$ die Übertragungsfunktion des Modells niedrigerer Ordnung und schließlich mit $F_f(z)$ die des Formfilters bezeichnet, dann lautet die Optimierungsaufgabe im Bereich der z-Variablen:

$$J = \frac{1}{2\pi i} \frac{w}{\sigma} \oint z^{-1} F_f(z)\, F_f(z^{-1})\, [F(z)\, F(z^{-1}) - F_m(z)\, F_m(z^{-1})]\, dz \to \text{Min}\,. \tag{8.134}$$

Dieses Problem kann nun einmal experimentell mittels äquivalenter zeitdiskreter deterministischer Signale oder auch analytisch als Parameteroptimierung mit Erfolg bearbeitet werden.

In [*SW* 4] ist u. a. auch gezeigt, daß für diese Problemstellung die MARKOV-Parameterdarstellung (s. a. Abschnitt 3.8. in [*SW* 6]) gut geeignet ist, da im Falle der zeitdiskreten Systeme die MARKOV-Parameter identisch mit den Gliedern der Gewichtsfolge sind.

9. Beobachter und optimale Filter

9.1. Einleitung

In den Kapiteln 5 (Einführungsband [SW 6]) und 6 waren im Zusammenhang mit der Beschreibung von Syntheseverfahren für zeitdiskrete Regelungssysteme neben anderen auch solche Verfahren behandelt worden, die voraussetzen, daß der Systemzustand $\boldsymbol{x}(k)$ der Regelstrecke bekannt ist. In den weitaus meisten Fällen sind aber nicht alle Zustandsgrößen direkt meßbar, vielmehr trägt der Systemzustand nur als Linearkombination (bei linearen Systemen) der einzelnen Zustandsgrößen zum meßbaren Ausgangssignal des Systems bei. Dann besteht eine wesentliche Teilaufgabe beim Syntheseproblem eines Zustandsreglers darin, einen geeigneten Algorithmus zur *Rekonstruktion* oder *Schätzung* der Zustandsgrößen aus den zur Verfügung stehenden Ein- und Ausgangssignalen der Regelstrecke zu entwerfen. Ist die Regelstrecke ungestört und vor allem auch das Ausgangssignal ohne zusätzliche Störsignale verfügbar, spricht man von Beobachtern. Für stochastisch gestörte Systeme und Meßsignale kann der Zustand nur über Optimalfilter geschätzt werden. Beide Problemkreise – Entwurf von Beobachtern und Schätzfilter – werden in diesem Kapitel behandelt werden, wobei den Beobachtern und Schätzfiltern gemeinsam ist, daß sie im wesentlichen aus einer geeigneten Nachbildung des mathematischen Modells der zu beobachtenden Regelstrecke bestehen.

Wir betrachten im folgenden Regelstrecken, die durch dieses Differenzengleichungssystem beschreibbar sind:

$$\boldsymbol{x}(k+1) = \boldsymbol{A}(k)\,\boldsymbol{x}(k) + \boldsymbol{B}(k)\,\boldsymbol{u}(k), \quad k = k_0, \quad k_0+1, \quad k_0+2, \ldots \tag{9.1}$$
$$\boldsymbol{y}(k) = \boldsymbol{C}(k)\,\boldsymbol{x}(k) + \boldsymbol{D}(k)\,\boldsymbol{u}(k), \; \boldsymbol{y} \in \mathsf{R}_p, \quad \boldsymbol{u} \in \mathsf{R}_q, \quad \boldsymbol{x} \in \mathsf{R}_n .$$

Es handelt sich also um zeitvariable Systeme mit q Ein- und p Ausgängen, wobei ferner angenommen ist, daß das System sprungfähig sei, also einen direkten Durchgang zwischen Stell- und Ausgangsgröße habe. Das Problem besteht dann darin, aus den von außen tatsächlich verfügbaren Ein- und Ausgangssignalen $\boldsymbol{u}(k)$ bzw. $\boldsymbol{y}(k)$ auf den Systemzustand $\boldsymbol{x}(k)$ zu schließen.

In der Fachliteratur, die das Beobachterproblem behandelt, wird aus gutem Grund zwischen den Begriffen *Beobachtbarkeit* und *Rekonstruierbarkeit* unterschieden. Die Eigenschaft der vollständigen Beobachtbarkeit wurde in Definition 2.7 [SW 6] bereits festgelegt. Für den Begriff der Rekonstruierbarkeit haben wir diese

Definition 9.1:

Ein lineares System $\{\boldsymbol{A}, \boldsymbol{B}, \boldsymbol{C}, \boldsymbol{D}\}$ nach Gl. (9.1) heißt *vollständig rekonstruierbar*, wenn ein endliches $k_{-l} \leqq k_0$ derart existiert, daß jeder Zustand $\boldsymbol{x}(k_0)$ aus den für $k \in [k_{-l}, k_0]$ bekannten Eingangs- und Ausgangsfolgen $\boldsymbol{u}(k)$ und $\boldsymbol{y}(k)$ eindeutig bestimmt werden kann.

Während bei der Beobachtbarkeit eines Systems aus dem zukünftigen Verlauf des Ausgangssignals $\boldsymbol{y}(k)$ auf den Zustand $\boldsymbol{x}(k_0)$ zum Zeitpunkt k_0 zurückgeschlossen werden soll, wird bei der Zustandsrekonstruktion aus dem vergangenen Verlauf von $\boldsymbol{u}(k)$ und $\boldsymbol{y}(k)$ der gegenwärtige Zustand $\boldsymbol{x}(k_0)$ bestimmt.

Beim Vergleich der Definitionen 2.7 [SW 6] und 9.1 in bezug auf die Anwendbarkeit ist festzustellen, daß es sich bei den folgenden Problemstellungen immer um eine Rekonstruktion des Zustandes handelt. Insofern ist der in der Literatur eingeführte Begriff „Beobachter" für ein dynamisches System zur Bestimmung des Systemzustandes der Regelstrecke aus dem Stell- und Regelgrößenverlauf nicht ganz korrekt und etwas irreführend.

In Ergänzung des Satzes 2.3 und im Zusammenhang mit Definition 9.1 ist dieses in [MA] bewiesene Ergebnis von Interesse:

Satz 9.1:

Ein System $\{\boldsymbol{A}, \boldsymbol{B}, \boldsymbol{C}, \boldsymbol{D}\}$ nach (9.1) ist genau dann vollständig rekonstruierbar, wenn die reellen Unterräume des Zustandsraumes aller zu den Eigenwerten $\lambda_i \neq 0$ gehörenden Eigenräume beobachtbar sind.

Die Bedeutung dieses Satzes liegt darin, daß er eine Abschwächung des Kriteriums der vollständigen Beobachtbarkeit (2.46) und (2.47) in Satz 2.3 bzw. 2.4 darstellt. In der Literatur ist überwiegend die strengere Forderung zu finden:

Satz 9.2:

Jedes vollständig beobachtbare System ist auch rekonstruierbar.

Im Gegensatz zu diesem Ergebnis, das eine hinreichende Bedingung für die Rekonstruierbarkeit darstellt, erfaßt Satz 9.1 auch alle die Systeme mit den Eigenwerten $\lambda_i(\boldsymbol{A}) = 0$, für die auch gilt:

$$|\boldsymbol{A}| = 0 \,. \tag{9.2}$$

Einsetzen von (9.2) z. B. in (2.47) zeigt, daß Systeme mit verschwindenden Eigenwerten nicht vollständig beobachtbar sind; sie sind aber, so lange Satz 9.1 erfüllt ist, sehr wohl rekonstruierbar.

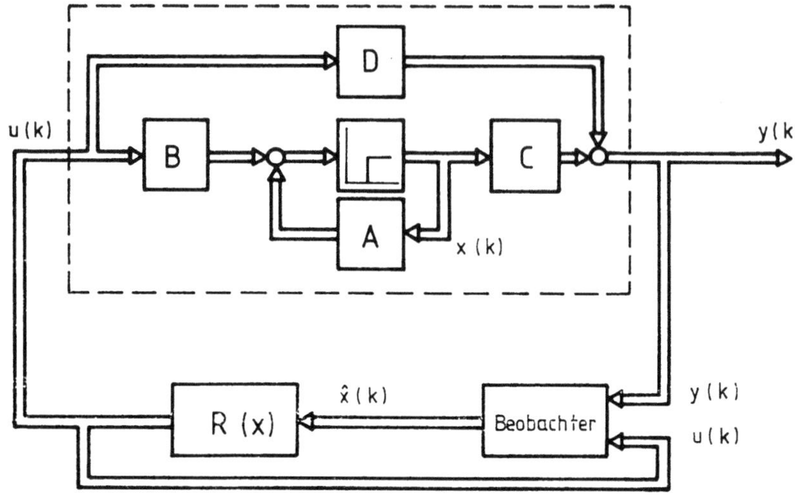

Bild 9.1. Zur Formulierung des Beobachterproblems

9.2. Zustandsbeobachter für ungestörte Systeme

Wir beginnen mit dem Problem der Rekonstruktion des Zustandes einer Regelstrecke (Bild 9.1). Hier soll der nicht direkt meßbare Zustand $\boldsymbol{x}(k)$ über ein „Beobachter" genanntes System ermittelt und dann dem Regelgesetz zugeführt werden, wobei z. B. an Regelgesetze der Form zu denken ist, die in den Abschnitten 5.4 und 5.5 bzw. in Kapitel 6 behandelt wurden.

Im folgenden werden wir vollständige und reduzierte Beobachter bzw. auch Schätzfilter unterscheiden. Die vollständigen Beobachter haben die gleiche Ordnung n wie das System, dessen Zustand zu rekonstruieren ist, dagegen genügt beim reduzierten Beobachter eine geringere Ordnung, was allerdings auf Kosten einer weniger durchsichtigen Systemstruktur des Beobachters geht.

Definition 9.2:

Das zeitdiskrete System

$$\hat{\boldsymbol{x}}(k+1)=\hat{\boldsymbol{A}}(k)\,\hat{\boldsymbol{x}}(k)+\hat{\boldsymbol{B}}(k)\,\boldsymbol{u}(k)+\hat{\boldsymbol{C}}\boldsymbol{y}(k) \tag{9.3}$$

ist ein Beobachter vollständiger Ordnung für das System

$$\begin{aligned}\boldsymbol{x}\,(k+1)&=\boldsymbol{A}(k)\,\boldsymbol{x}(k)+\boldsymbol{B}(k)\,\boldsymbol{u}(k)\,,\\ \boldsymbol{y}(k)&=\boldsymbol{C}(k)\,\boldsymbol{x}(k)+\boldsymbol{D}(k)\,\boldsymbol{u}(k)\,,\end{aligned} \tag{9.4}$$

wenn mit

$$\hat{\boldsymbol{x}}(k_0)=\boldsymbol{x}(k_0) \tag{9.5}$$

für alle $\boldsymbol{u}(k)$, $k \geqq k_0$, folgt

$$\hat{\boldsymbol{x}}(k) = \boldsymbol{x}(k), \quad k \geqq k_0 . \tag{9.6}$$

Die vorstehende Definition des vollständigen Beobachters impliziert, daß der Beobachter die gleiche Ordnung n wie das zu beobachtende System hat, also

$$\boldsymbol{x}(k) \in \mathsf{R}_n \Rightarrow \hat{\boldsymbol{x}}(k) \in \mathsf{R}_n . \tag{9.7}$$

Untersucht man, welche Bedingungen an die Matrizen $\hat{\boldsymbol{A}}$, $\hat{\boldsymbol{B}}$ und $\hat{\boldsymbol{C}}$ gestellt werden müssen, damit das System (9.3) ein Beobachter für das System (9.4) ist, findet man dies auf Luenberger zurückgehende Ergebnis:

Satz 9.3:

Das System ist ein Beobachter vollständiger Ordnung für das System (9.4) dann und nur dann, wenn

$$\begin{aligned} \hat{\boldsymbol{A}}(k) &= \boldsymbol{A}(k) - \boldsymbol{K}(k)\, \boldsymbol{C}(k), \\ \hat{\boldsymbol{B}}(k) &= \boldsymbol{B}(k) - \boldsymbol{K}(k)\, \boldsymbol{D}(k) , \\ \hat{\boldsymbol{C}}(k) &= \boldsymbol{K}(k) \end{aligned} \tag{9.8}$$

für alle $k \geqq k$, worin $\boldsymbol{K}(k)$ eine beliebige zeitvariable Matrix derart ist, daß (9.3) ein asymptotisch stabiles System ist.

Dieses Ergebnis ist leicht zu beweisen: Wird (9.3) von (9.4) subtrahiert und gleichzeitig (9.8) eingesetzt:

$$\begin{aligned} \boldsymbol{x}\,(k+1) - \hat{\boldsymbol{x}}\,(k+1) = {} & [\boldsymbol{A}(k) - \boldsymbol{K}(k)\, \boldsymbol{C}(k)]\, \boldsymbol{x}(k) - \hat{\boldsymbol{A}}(k)\, \hat{\boldsymbol{x}}(k) \\ & + [\boldsymbol{B}(k) - \hat{\boldsymbol{B}}(k) - \boldsymbol{K}(k)\, \boldsymbol{D}(k)]\, \boldsymbol{u}(k) , \end{aligned} \tag{9.9}$$

dann ist unmittelbar gezeigt, daß zusammen mit (9.5): $\hat{\boldsymbol{x}}(k) = \boldsymbol{x}(k)$ für $k \geqq k_0$.

Wird (9.3) mit (9.8) kombiniert, ist der Beobachter vollständiger Ordnung durch diese Beziehung (Bild 9.2) charakterisiert

$$\begin{aligned} \hat{\boldsymbol{x}}\,(k+1) = {} & \boldsymbol{A}(k)\, \hat{\boldsymbol{x}}(k) + \boldsymbol{B}(k)\, \boldsymbol{u}(k) \\ & + \boldsymbol{K}(k)\, [\boldsymbol{y}(k) - \boldsymbol{C}(k)\, \hat{\boldsymbol{x}}(k) - \boldsymbol{D}(k)\, \boldsymbol{u}(k)] . \end{aligned} \tag{9.10}$$

Der Beobachter besteht also aus einem Modell des zu beobachtenden Systems, das durch zusätzliche Eingangsgrößen proportional der Differenz zwischen beobachtetem und vorhergesagtem Ausgangssignal erregt wird.

Wir betrachten nun den Schätzfehler

$$\tilde{\boldsymbol{x}}(k) = \boldsymbol{x}(k) - \hat{\boldsymbol{x}}(k) , \tag{9.11}$$

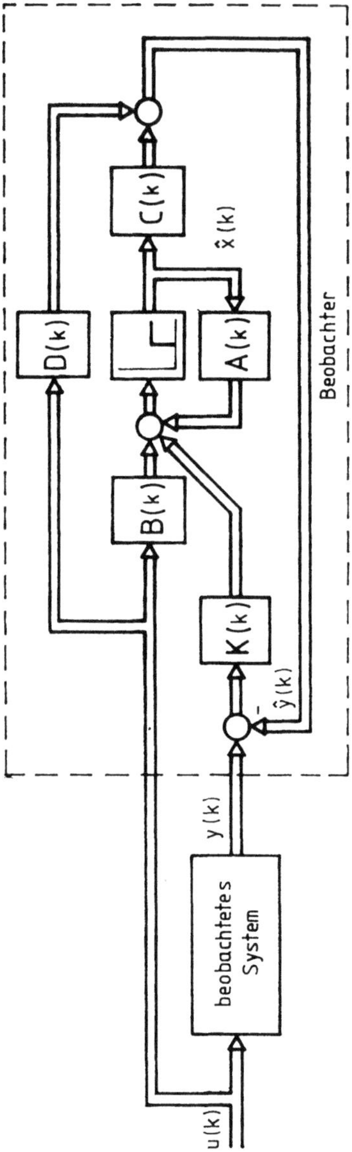

Bild 9.2. Zur Struktur des Beobachters vollständiger Ordnung

und sein zeitliches Verhalten:

Satz 9.4:

Der Schätzfehler (9.11) genügt dieser Differenzengleichung

$$\tilde{\boldsymbol{x}}(k+1) = [\boldsymbol{A}(k) - \boldsymbol{K}(k)\, \boldsymbol{C}(k)]\, \tilde{\boldsymbol{x}}(k), \; k \geqq k_0 \tag{9.12}$$

und hat die Eigenschaft:

$$\tilde{\boldsymbol{x}}(k) \to \boldsymbol{0} \quad \text{für} \quad k \to \infty \tag{9.13}$$

für alle $\boldsymbol{x}(k_0)$ dann und nur dann, wenn der Beobachter (9.3) asymptotisch stabil ist.

Die Differenzengleichung (9.12) wird leicht dadurch gefunden, daß die Differenzengleichung (9.3) des Beobachters von der des zu beobachtenden Systems subtrahiert wird. Da das Verhalten der Matrix $[\boldsymbol{A}(k) - \boldsymbol{K}(k)\, \boldsymbol{C}(k)]$ sowohl das Systemverhalten des Beobachters (Gl. (9.10)) als auch das Verhalten des Beobachtungsfehlers bestimmt, ist damit die Behauptung des Satzes 9.4 bewiesen.

Es ist darauf hinzuweisen, daß durch die Festlegung der Systemmatrizen des Beobachters durch Gl. (9.8) der Schätzfehler $\tilde{\boldsymbol{x}}(k)$ von der Stellgröße $\boldsymbol{u}(k)$ aus nicht steuerbar ist. Das heißt, wenn $\tilde{\boldsymbol{x}}(k)$ zu Null geworden ist, wird durch die Stellgröße $\boldsymbol{u}(k)$ kein Schätzfehler erzeugt.

Mit dem folgenden Satz wird die Frage beantwortet, unter welchen Bedingungen für zeitinvariante Systeme eine Verstärkungsmatrix $\boldsymbol{K}$ gefunden werden kann, die einen stabilen Beobachter und damit einen abklingenden Rekonstruktionsfehler garantiert:

Satz 9.5:

Gegeben sei ein zeitinvarianter Beobachter

$$\hat{\boldsymbol{x}}\,(k+1) = \boldsymbol{A}\hat{\boldsymbol{x}}(k) + \boldsymbol{B}\boldsymbol{u}(k) + \boldsymbol{K}\,[\boldsymbol{y}(k) - \boldsymbol{C}\hat{\boldsymbol{x}}(k) - \boldsymbol{D}\boldsymbol{u}(k)] \tag{9.14}$$

für das zeitinvariante System

$$\begin{aligned} \boldsymbol{x}\,(k+1) &= \boldsymbol{A}\boldsymbol{x}(k) + \boldsymbol{B}\boldsymbol{u}(k) \\ \boldsymbol{y}(k) &= \boldsymbol{C}\boldsymbol{x}(k) + \boldsymbol{D}\boldsymbol{u}(k)\,. \end{aligned} \tag{9.15}$$

Die Pole des Beobachters, d. h. die Eigenwerte von $[\boldsymbol{A} - \boldsymbol{K}\boldsymbol{C}]$, können dann und nur dann beliebig in der komplexen Ebene mittels einer geeigneten Matrix $\boldsymbol{K}$ festgelegt werden (unter der Einschränkung, daß komplexe Eigenwerte paarweise konjugiert komplex auftreten), wenn das System (9.15) vollständig rekonstruierbar ist.

Für einen Beweis dieses Satzes ist zunächst zu beachten, daß gilt [GA]:

$$\det\,[\boldsymbol{I}\lambda - (\boldsymbol{A} - \boldsymbol{K}\boldsymbol{C})] = \det\,[\boldsymbol{I}\lambda - (\boldsymbol{A}^T - \boldsymbol{C}^T\boldsymbol{K}^T)]\,. \tag{9.16}$$

Für die Polfestlegung ist nun (s. a. Abschnitt 5.4 [SW 6]) notwendig, daß die Matrizen $\{\boldsymbol{A}, \boldsymbol{C}\}$ ein vollständig steuerbares Paar bilden, d. h. zu einem vollständig steuerbaren System gehören. Ist aber $\{\boldsymbol{A}, \boldsymbol{C}\}$ vollständig steuerbar, dann bilden die Matrizen $\{\boldsymbol{A}^T, \boldsymbol{C}^T\}$ auch ein vollständig beobachtbares Paar [KS]. Schließlich folgt mit Satz 9.2 das zu beweisende Ergebnis des Satzes 9.5.

Die Festlegung der Verstärkungsmatrix $\boldsymbol{K}(k)$ des Beobachters wird besonders übersichtlich, wenn das zu beobachtende System zunächst in die „Beobachternormalform" (2.80) gebracht wird. Für das Eingrößensystem in dieser Normalform lautet die Systemgleichung:

$$\boldsymbol{x}\,(k+1) = \begin{bmatrix} -n_{n-1} & 1 & 0 & \dots & 0 \\ -n_{n-2} & 0 & 1 & \dots & 0 \\ \cdot & \cdot & \cdot & \cdot & \cdot \\ -n_1 & 0 & 0 & \dots & 1 \\ -n_0 & 0 & 0 & \dots & 0 \end{bmatrix} \boldsymbol{x}(k) + \begin{bmatrix} b_{n-1} \\ b_{n-2} \\ \cdot \\ \cdot \\ b_0 \end{bmatrix} u(k) \tag{9.17}$$

$$y(k) = [1 \quad 0 \dots 0]\,\boldsymbol{x}(k) + \mathrm{d}u(k)\,.$$

Diesem Zustandsmodell ist die komplexe Übertragungsfunktion in der Form:

$$F(z) = \frac{Z(z)}{N(z)} = \frac{\sum\limits_{i=0}^{n} Z_i z^i}{\sum\limits_{j=0}^{n} n_j z^j} \tag{9.18}$$

zugeordnet [SW 5] mit den Polynomkoeffizienten des Zählerpolynoms

$$d = \frac{Z_n}{n_n}\,; \quad b_i = z_i - \frac{Z_n}{n_n}\,n_i = z_i - d n_i\,; \quad i = 0, 1, \dots n-1\,. \tag{9.19}$$

Zu (9.17) gehört mit (9.10) die Systemgleichung des Beobachters:

$$\hat{x}(k+1)=\begin{bmatrix} -n_{n-1} & -K_1; & 1 & 0\ldots 0 \\ -n_{n-2} & -K_2; & 0 & 1\ldots 0 \\ \ldots & \ldots & \ldots & \ldots \\ -n_1 & -K_{n-1}; & 0 & 0\ldots 1 \\ -n_0 & -K_n; & 0 & 0\ldots 0 \end{bmatrix}\hat{x}(k)+\begin{bmatrix} b_{n-1}-dK_1 \\ b_{n-2}-dK_2 \\ \ldots \\ b_1-dK_{n-1} \\ b_0-dK_n \end{bmatrix}u(k) \quad (9.20)$$

$$+\begin{bmatrix} K_1 \\ K_2 \\ \vdots \\ \cdot \\ K_n \end{bmatrix} y(k)\,.$$

Die charakteristische Gleichung des Beobachters lautet, da die Systemmatrix $\boldsymbol{A}$ des Beobachters eine FROEBENIUS-Begleitform ist

$$(n_0+k_n)+(n_1+k_{n-1})\,z+\ldots+(n_{n-1}+k_1)\,z^{n-1}+z^n=0\,. \quad (9.21)$$

Sind die Eigenwerte des Beobachters vorgegeben durch p_i, so daß die charakteristische Gleichung die Form

$$Q(z)=(z-p_1)\,(z-p_2)\ldots(z-p_i)=d_0+d_1z\ldots+d_{n-1}z^{n-1}+z^n \quad (9.22)$$

hat, dann sind die Koeffizienten der Verstärkungsmatrix $\boldsymbol{K}$ des Beobachters durch Koeffizientenvergleich zwischen (9.21) und (9.22) zu finden:

$$K_i=d_{n-i}-n_{n-i};\quad i=1,2,\ldots n\,. \quad (9.23)$$

Bei Mehrgrößensystemen ist das Problem der Polfestlegung wesentlich unübersichtlicher, da dann $n\cdot p$ Koeffizienten in der Rückführmatrix $\boldsymbol{K}$ zur Festlegung von n Beobachterpolen zur Verfügung stehen. Die zusätzlichen Freiheitsgrade können hier zur gleichzeitigen Festlegung anderer Systemeigenschaften (z. B. Parameterunempfindlichkeit, Beschränkung der Stellgrößenamplituden o. ä.) herangezogen werden.

9.3. Beobachter reduzierter Ordnung

Die im vorstehenden Abschnitt beschriebenen Beobachter vollständiger Ordnung haben einen sehr übersichtlichen Aufbau, doch haben sie eine gewisse Redundanz, da auch die Zustände geschätzt werden, die über die Ausgangssignale direkt einer Messung zugänglich sind. Es läßt sich zeigen, daß Beobachter reduzierter Ordnung angebbar sind, die – allerdings bei etwas komplizierterer Struktur – den Zustand eines zu beobachtenden Systems zu rekonstruieren gestatten. Der Zustand $\xi(k)$ des Beobachters wird dann im allgemeinen nicht mehr gleich der Schätzung $\hat{x}(k)$ des Zustandes des zu beobachtenden Systems sein, sondern über eine lineare Transformation damit verknüpft sein:

$$\boldsymbol{\xi}(k) = \boldsymbol{T}\hat{\boldsymbol{x}}(k)\ . \tag{9.24}$$

Definition 9.3:

Ein Beobachter

$$\boldsymbol{\xi}(k+1) = \boldsymbol{F}\boldsymbol{\xi}(k) + \boldsymbol{G}\boldsymbol{u}(k) + \boldsymbol{H}\boldsymbol{y}(k)\ , \tag{9.25}$$

$$\boldsymbol{\xi}(k) \in \mathsf{R}_l\ ,$$

der Ordnung l mit $l<n$ zu einem System (9.15) der Ordnung n heißt ein **reduzierter Beobachter minimaler Ordnung, wenn** l **die kleinstmögliche Ordnung eines Beobachters ist, der den vollständigen Zustand** $\boldsymbol{x}(k) \in \mathsf{R}_n$ **zu schätzen gestattet derart, daß gilt:**

$$\boldsymbol{x}(k) - \hat{\boldsymbol{x}}(k) \to 0 \quad \text{für} \quad k \to \infty\ . \tag{9.26}$$

Auch die Theorie der Beobachter minimaler Ordnung geht auf LUENBERGER [LU] zurück, der dieses Ergebnis bewies, wobei der Übersichtlichkeit halber hier nur zeitinvariante Systeme betrachtet werden.

Satz 9.4:

Zur Beobachtung eines vollständig beobachtbaren zeitinvarianten Systems

$$\boldsymbol{x}\ (k+1) = \boldsymbol{A}\boldsymbol{x}(k) + \boldsymbol{B}\boldsymbol{u}(k)\ , \tag{9.27}$$

$$\boldsymbol{y}(k) = \boldsymbol{C}\boldsymbol{x}(k)$$

mit n **Zustandsvariablen, also** $\boldsymbol{x} \in \mathsf{R}_n$ und p Ausgangsgrößen $\boldsymbol{y} \in \mathsf{R}_p$, **genügt ein Beobachter minimaler Ordnung** l mit

$$l = n - p\ . \tag{9.28}$$

Für den Zusammenhang zwischen den Systemmatrixen $\boldsymbol{A}$ des zu beobachtenden Systems und $\boldsymbol{F}$ des Beobachters und der Transformationsmatrix $\boldsymbol{T}$ in (9.24) muß gelten

$$\boldsymbol{TA} - \boldsymbol{FT} = \boldsymbol{KC}\ . \tag{9.29}$$

Für Eingrößensysteme läßt sich der Beobachter minimaler Ordnung $l = n-1$ in übersichtlicher Weise angeben. Das zu beobachtende System (9.23) wird zunächst in die beobachtungskanonische Normalform (9.17) transformiert, wobei im folgenden der Übersichtlichkeit halber angenommen wird, daß das System nicht sprungfähig, also $\boldsymbol{d}=0$, ist. Damit gilt für den Ausgang:

$$y(k) = x_1(k)\ . \tag{9.30}$$

Wird nun ein Beobachter mit $n-1$ Zustandsvariablen $\xi(k) \in R_{n-1}$ dieser Form gewählt:

$$\xi(k+1) = \begin{bmatrix} -\alpha_{n-2} & 1 & 0 \dots 0 \\ -\alpha_{n-3} & 0 & 1 \dots 0 \\ \vdots & & \\ -\alpha_1 & 0 & 0 \quad 1 \\ -\alpha_0 & 0 & 0 \dots 0 \end{bmatrix} \xi(k) \tag{9.31}$$

$$+ \begin{bmatrix} \alpha_{n-2}\,(n_{n-1}-\alpha_{n-2})+(\alpha_{n-3}-n_{n-2}) \\ \alpha_{n-3}\,(n_{n-1}-\alpha_{n-2})+(\alpha_{n-4}-n_{n-3}) \\ \dots\dots\dots\dots\dots\dots \\ \alpha_1 \quad (n_{n-1}-\alpha_{n-2})+(\alpha_0-n_1) \\ \alpha_0 \quad (n_{n-1}-\alpha_{n-2})-n_0 \end{bmatrix} x_1(k) + \boldsymbol{T} \begin{bmatrix} b_{n-2} \\ b_{n-3} \\ \vdots \\ b_1 \\ b_0 \end{bmatrix} u(k)\,,$$

dann wird mit der $(n-1,\, n)$-Transformationsmatrix

$$\boldsymbol{T} = \begin{bmatrix} -\alpha_{n-2} & 1 & 0 \dots 0 \\ -\alpha_{n-3} & 0 & 1 \dots 0 \\ \vdots & & \\ -\alpha_0 & & 0 \dots 1 \end{bmatrix} \tag{9.32}$$

dieser Zusammenhang entsprechend (9.24) zwischen den geschätzten Zustandsvariablen $\hat{\boldsymbol{x}}$ des Systems $\{\boldsymbol{A}, \boldsymbol{B}, \boldsymbol{C}\}$ und den Zustandsvariablen $\boldsymbol{\xi}$ des Beobachters gefunden:

$$\hat{x}_1(k) = y(k) = x_1(k)$$

$$\hat{x}_i = \xi_{i-1}(k) + \alpha_{n-i}\hat{x}_1\,; \quad i = 2, 3, \dots, n\,. \tag{9.33}$$

Durch diese Wahl von $\boldsymbol{T}$ ist die Verstärkungsmatrix $\boldsymbol{K}$ in (9.8) bzw. (9.29) ein Spaltenvektor in $n-1$ Elementen und eindeutig festgelegt.

Beispiel 9.1:

Der Zustand des in Beispiel 4.1 (Einführungsband [SW 6]) behandelten Abtastsystems mit der kontinuierlichen Strecke $F(s) = \frac{1}{s}\,\frac{1}{(s+1)}$ und Halteglied soll für eine Abtastperiode $T = 0{,}1$ s durch einen Beobachter der reduzierten Ordnung $n = 1$ geschätzt werden. Die zu dem Zustandsmodell aus Beispiel 4.1

$$\boldsymbol{x}(k+1) = \begin{bmatrix} 1 & 0 \\ 0 & 0{,}905 \end{bmatrix} \boldsymbol{x}(k) + \begin{bmatrix} 0{,}1 \\ 0{,}095 \end{bmatrix} u(k)$$

$$y(k) = [1 \quad -1]\,\boldsymbol{x}(k)$$

zugehörige beobachterkanonische Form ist über Gl. (2.80a) angebbar

$$\boldsymbol{x}_B(k+1) = \begin{bmatrix} 1{,}905 & 1 \\ -0{,}905 & 0 \end{bmatrix} \boldsymbol{x}_B(k) + \begin{bmatrix} 0{,}0050 \\ 0{,}0045 \end{bmatrix} u(k)\,,$$

$$y(k) = [1 \quad 0]\,\boldsymbol{x}_B(k)\,.$$

Der gewünschte Eigenwert des Beobachters sei nun zu λ_1 gewählt, dann folgt aus (9.31) die dynamische Gleichung des Beobachters

$$\xi\,(k+1) = \lambda_1 \xi(k) + [\lambda_1\,(n_1 - \lambda_1) - n_0]\; y(k) + [-\lambda_1\;\; 1] \begin{bmatrix} b_1 \\ b_0 \end{bmatrix} u(k)$$

und mit den Zahlenwerten des Beispiels

$$\xi\,(k+1) = \lambda_1 \xi(k) + [-1{,}905\,\lambda_1 - \lambda_1^2 - 0{,}905]\, y(k) + [0{,}0045 - 0{,}005\,\lambda_1]\, u(k).$$

Damit der Beobachter stabil ist, muß gelten $|\lambda_1| < 1$. Davon abgesehen, hängt die Wahl von dem gewünschten Einschwingverhalten des Beobachters und vor allem auch von der später zu besprechenden Störsignalempfindlichkeit ab.

Das vorstehend für Eingrößensysteme dargestellte Verfahren zur Bestimmung eines LUENBERGER-Beobachters minimaler Ordnung $n-1$ kann in einfacher Weise auf Mehrgrößensysteme erweitert werden. Wird das gegebene zu beobachtende System, das vollständig beobachtbar sei, auf die beobachtungskanonische Form Gl. (2.81) gemäß Definition 2.14 transformiert, dann wird das Mehrgrößensystem mit p-Ausgängen in ein System mit p Teilsystemen zerlegt, die jeweils nur einen Ausgang haben. Für jedes dieser Teilsysteme der Ordnung n_i, $i = 1, 2, \ldots, p$ kann dann ein Beobachter $n_i - 1$. Ordnung, wie vorstehend für Eingrößensysteme angegeben, bestimmt werden. Während aber für Eingrößensysteme bei vorgegebener Lage der Beobachtereigenwerte die Rückführ- oder Verstärkungsmatrix $\boldsymbol{k}^T$ eindeutig bestimmbar ist, ist die entsprechende Matrix $\boldsymbol{K}$ für Mehrgrößensysteme nicht mehr eindeutig. Die vorhandenen zusätzlichen Freiheitsgrade können dann dazu dienen, weitere Systemeigenschaften (wie z. B. Parameterunempfindlichkeit) festzulegen [GR].

9.4. Beobachter minimaler Einstellzeit

Aus Satz 9.4 folgt eine spezielle Eigenschaft der Dynamik von LUENBERGER-Beobachtern, die nur für lineare zeitinvariante zeitdiskrete Systeme gilt. Werden alle Eigenwerte eines zeitdiskreten Beobachters zu $\lambda_i = 0$ gewählt, dann hat auch die Matrix der Schätzfehlerdifferenzengleichung:

$$\tilde{\boldsymbol{x}}\,(k+1) = [\boldsymbol{A} - \boldsymbol{K}\boldsymbol{C}]\; \tilde{\boldsymbol{x}}(k) \tag{9.34}$$

diese Eigenwerte. Es ist dann zu zeigen, daß dadurch erreicht wird, daß das Fehlersignal in endlicher und dabei auch minimaler Zeit auf Null abklingt. Betrachten wir zunächst einen vollständigen Beobachter, dann lautet die charakteristische Gleichung des Beobachters, wenn durch geeignete Wahl

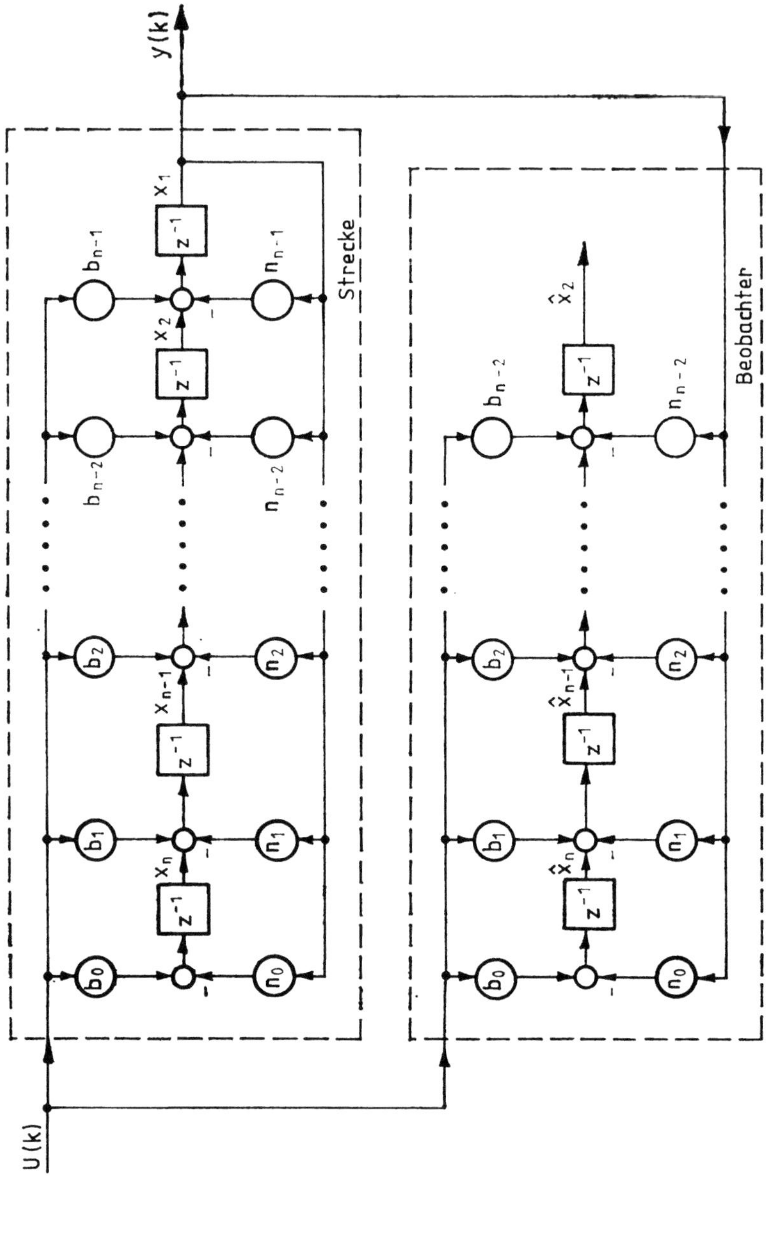

Bild 9.3. Luenberger-Beobachter minimaler Ordnung und minimaler Einschwingzeit für ein Eingrößensystem

von $\boldsymbol{K}$ alle Eigenwerte $\lambda_i(\hat{\boldsymbol{A}}) = \lambda_i(\boldsymbol{A} - \boldsymbol{KC}) = 0$ gewählt werden

$$C(\lambda) = \lambda^n . \tag{9.35}$$

Damit folgt aber aus dem Satz von CAYLEY-HAMILTON (A. 2.24 in [SW 6])

$$\hat{\boldsymbol{A}}^n = [\boldsymbol{A} - \boldsymbol{KC}]^n = \boldsymbol{0} , \tag{9.36}$$

was für (9.34) bedeutet, daß spätestens nach n Zeittakten der Schätzfehler $\tilde{\boldsymbol{x}}(k)$ für beliebige Anfangsschätzfehler $\tilde{\boldsymbol{x}}(0)$ gleich Null wird:

$$\tilde{\boldsymbol{x}}(k) = 0 \quad \text{für} \quad k \geqq n . \tag{9.37}$$

Die Zahl n der Zeitschritte für die minimale Einschwingszeit eines zeitdiskreten Beobachters kann einmal unterboten werden, wenn zu $\hat{\boldsymbol{A}}$ ein Minimalpolynom von Grad ν mit $\nu \leqq n$ existiert. Der Grad ν ist gleich dem Beobachtbarkeitsindex, der als dualer Begriff zu dem in Def. 2.6 festgelegten Steuerbarkeitsindex für das Matrizenpaar $[\boldsymbol{A}^T, \boldsymbol{C}^T]$ erklärt ist.

Darüberhinaus erniedrigt sich die Zahl der für eine minimale Einschwingzeit notwendigen Taktzahl, wenn ein Beobachter minimaler Ordnung $n - p$ eingesetzt wird [AC 2].

Im Falle der Eingrößensysteme sind die Verhältnisse recht übersichtlich zu verfolgen. Werden in (9.31) alle $\lambda_i = 0$ gesetzt, was die gewünschte charakteristische Gl. $\lambda^{n-1} = 0$ zur Folge hat, erhält man die dynamische Gleichung des Beobachters der minimalen Ordnung $n - 1$:

$$\boldsymbol{\xi}(k+1) = \begin{bmatrix} 0 & 1 & 0 & \dots & 0 \\ 0 & 0 & 1 & \dots & 0 \\ \cdot & \cdot & \cdot & \cdot & \cdot \\ 0 & 0 & 0 & \dots & 0 \end{bmatrix} \boldsymbol{\xi}(k) - \begin{bmatrix} n_{n-2} \\ n_{n-3} \\ \vdots \\ n_0 \end{bmatrix} x_1(k) + \begin{bmatrix} b_{n-2} \\ b_{n-3} \\ \vdots \\ b_0 \end{bmatrix} u(k) \tag{9.38}$$

In Bild 9.3 ist der Signalflußplan für eine Regelstrecke in beobachterkanonischer Form zusammen mit einem Beobachter minimaler Ordnung $n - 1$ und minimaler Einschwingzeit dargestellt. Durch die angedeutete Anordnung der Parameter des Beobachters, die identisch mit denen der Regelstrecke gewählt wurden, wird gerade erreicht, daß der Beobachter einen $(n-1)$-fachen Eigenwert $\lambda = 0$ hat.

9.5. Optimale Zustandsschätzung gestörter Systeme

Bei einer Vielzahl von Anwendungsfällen sind nicht direkt meßbare Störsignale am Eingang einer zu beobachtenden Regelstrecke bzw. Systemrauschen zu berücksichtigen. Vielfach wird auch ein Meßrauschen am System-

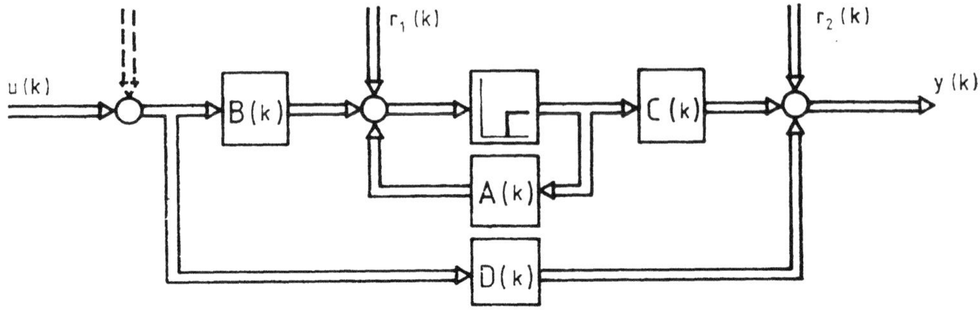

Bild 9.4. Blockschaltbild eines linearen Systems mit System- und Meßrauschen

ausgang nicht zu vernachlässigen sein. Die Verhältnisse werden dann für lineare zeitvariable Systeme durch Bild 9.4 und diese Systemgleichungen beschrieben

$$\boldsymbol{x}(k+1) = \boldsymbol{A}(k)\,\boldsymbol{x}(k) + \boldsymbol{B}(k)\,\boldsymbol{u}(k) + \boldsymbol{r}_1(k); \quad k \geqq k_0 . \tag{9.39}$$
$$\boldsymbol{y}(k) = \boldsymbol{C}(k)\,\boldsymbol{x}(k) + \boldsymbol{D}(k)\,\boldsymbol{u}(k) + \boldsymbol{r}_2(k) .$$

Für das im folgenden zu beschreibende Beobachterproblem wird nun angenommen, daß die Signale $\boldsymbol{r}_1(k)$ und $\boldsymbol{r}_2(k)$ Folgen unkorrelierter stochastischer Signale mit verschwindendem Mittelwert seien. Der aus $\boldsymbol{r}_1$ mit $\boldsymbol{r}_2$ gebildete Vektor $[\boldsymbol{r}_1^T(k), \boldsymbol{r}_2^T(k)]^T$ möge dann ferner die Varianzmatrix

$$\begin{bmatrix} \boldsymbol{V}_1(k) & \boldsymbol{V}_{12}(k) \\ \boldsymbol{V}_{12}^T(k) & \boldsymbol{V}_2(k) \end{bmatrix}, \quad k \geqq k_0 \tag{9.40}$$

haben. In dem System (9.39) soll auch der Anfangszustand $\boldsymbol{x}_0 = \boldsymbol{x}(k_0)$ eine stochastische Vektorvariable sein, die unkorreliert mit $\boldsymbol{r}_1(k)$ und $\boldsymbol{r}_2(k)$ ist und charakterisiert wird durch

$$E[\boldsymbol{x}_0] = \bar{\boldsymbol{x}}_0; \quad E[\boldsymbol{x}_0\boldsymbol{x}_0^T] = \boldsymbol{Q}_0 . \tag{9.41}$$

Für das vorstehend beschriebene dynamische System läßt sich nun ein Beobachter- oder Schätzfilterproblem formulieren:

Definition 9.4:

a) Die Aufgabe, für einen Beobachter zu (9.39) mit

$$\hat{\boldsymbol{x}}(k+1) = \boldsymbol{A}(k)\,\hat{\boldsymbol{x}}(k) + \boldsymbol{B}(k)\,\boldsymbol{u}(k) + \boldsymbol{K}(k)\,[\boldsymbol{y}(k) - \boldsymbol{C}(k)\,\hat{\boldsymbol{x}}(k) - \boldsymbol{D}(k)\,\boldsymbol{u}(k)] \tag{9.42}$$

eine Folge von Matrizen $\boldsymbol{K}^0(k_0)$, $\boldsymbol{K}^0(k_0+1)$, ... $\boldsymbol{K}^0(k)$ und die Anfangsbedingungen $\hat{\boldsymbol{x}}(k_0)$ so zu finden, daß der Ausdruck

$$E[\tilde{\boldsymbol{x}}^T(k)\,\boldsymbol{W}(k)\,\tilde{\boldsymbol{x}}(k)] = \text{Min} \tag{9.43}$$

mit $\tilde{\boldsymbol{x}}(k) = \boldsymbol{x}(k) - \hat{\boldsymbol{x}}(k)$, und $\boldsymbol{W}(k) > 0$ minimiert wird, heißt ein zeitdiskretes optimales Beobachterproblem.

b) Ist darüber hinaus

$$\boldsymbol{V}_2(k) > 0 \quad \text{für} \quad k \geqq k_0 \,, \tag{9.44}$$

dann handelt es sich um ein nichtsinguläres optimales Beobachtersystem.

Um das zeitdiskrete optimale Beobachterproblem zu lösen, untersuchen wir zunächst die Differenzengleichung des Beobachtungsfehlers $\tilde{\boldsymbol{x}}(k)$. Werden die Systemgleichung (9.39) und die Beobachtergleichung (9.42) von einander subtrahiert, wird zunächst gefunden:

$$\tilde{\boldsymbol{x}}\,(k+1) = [\boldsymbol{A}(k) - \boldsymbol{K}(k)\;\boldsymbol{C}(k)]\;\tilde{\boldsymbol{x}}(k) + \boldsymbol{r}_1(k) - \boldsymbol{K}(k)\;\boldsymbol{r}_2(k), \tag{9.45}$$
$$k \geqq k_0 \,.$$

Werden nun mit $\tilde{\boldsymbol{Q}}(k)$ die Varianzmatrix und mit $\boldsymbol{m}_{\tilde{x}}(k)$ der Mittelwert zu dem Beobachtungsfehler $\tilde{\boldsymbol{x}}(k)$ bezeichnet, kann geschrieben werden:

$$E[\tilde{\boldsymbol{x}}(k)\;\tilde{\boldsymbol{x}}^T(k)] = \tilde{\boldsymbol{Q}}(k) + \boldsymbol{m}_{\tilde{x}}(k)\;\boldsymbol{m}_{\tilde{x}}^T(k)\,, \tag{9.46}$$

woraus auch folgt:

$$E[\tilde{\boldsymbol{x}}^T(k)\;\boldsymbol{W}(k)\;\tilde{\boldsymbol{x}}(k)] = \boldsymbol{m}_{\tilde{x}}^T(k)\;\boldsymbol{W}(k)\;\boldsymbol{m}_{\tilde{x}}(k) + \operatorname{sp}\,[\tilde{\boldsymbol{Q}}(k)\;\boldsymbol{W}(k)]\,. \tag{9.47}$$

Der erste Summand dieses Ausdruckes wird offensichtlich zu einem Minimum, wenn $\boldsymbol{m}_{\tilde{x}} = \boldsymbol{0}$ gemacht werden kann.

Das kann aber dadurch erreicht werden, daß der Anfangswert des Beobachters gewählt wird zu:

$$\hat{\boldsymbol{x}}(k_0) = \overline{\boldsymbol{x}}_0 = \boldsymbol{m}_x(k_0)\,. \tag{9.48}$$

Der zweite Summand in (9.46) kann unabhängig vom ersten minimiert werden. Mit Hilfe des Satzes 8.4 in Abschnitt 8.6, der die Lösung von Differenzengleichungen mit stochastischen Erregungen beschreibt, folgt aus (9.45) eine rekursive Beziehung für die Varianzmatrix $\tilde{\boldsymbol{Q}}(k)$:

$$\begin{aligned}\tilde{\boldsymbol{Q}}\,(k+1) = {} & [\boldsymbol{A}(k) - \boldsymbol{K}(k)\;\boldsymbol{C}(k)]\;\tilde{\boldsymbol{Q}}(k)\;[\boldsymbol{A}(k) - \boldsymbol{K}(k)\;\boldsymbol{C}(k)]^T \\ & + \boldsymbol{V}_1(k) + \boldsymbol{K}(k)\;\boldsymbol{V}_2(k)\;\boldsymbol{K}^T(k) \\ & - \boldsymbol{V}_{12}(k)\;\boldsymbol{K}^T(k) - \boldsymbol{K}(k)\;\boldsymbol{V}_{12}^T(k) \quad k \geqq k_0\end{aligned} \tag{9.49}$$

mit $$\tilde{\boldsymbol{Q}}(k_0) = \boldsymbol{Q}_0\,. \tag{9.50}$$

Wiederholte Anwendung dieser Beziehung liefert uns $\tilde{\boldsymbol{Q}}\,(k+1)$ als Funktion von $\boldsymbol{K}(k_0)$, $\boldsymbol{K}\,(k_0+1), \ldots \boldsymbol{K}(k)$. Es muß nun das Teilproblem betrachtet werden, den Ausdruck $\tilde{\boldsymbol{Q}}\,(k+1) \cdot \boldsymbol{W}\,(k+1)$ bezüglich $\boldsymbol{K}(k_0)$, $\boldsymbol{K}\,(k_0+1), \ldots,$ $\boldsymbol{K}(k)$ zu minimieren. Dies ist aber gleichbedeutend damit, $\tilde{\boldsymbol{Q}}\,(k+1)$ zu minimieren. Das heißt, es muß eine Folge $\boldsymbol{K}^0(k_0)$, $\boldsymbol{K}^0\,(k_0+1), \ldots, \boldsymbol{K}^0(k)$ derart bestimmt werden, daß für den zugehörigen Wert $\boldsymbol{Q}\,(k+1)$ der Variablen $\tilde{Q}\,(k+1)$ gilt:

$$Q\,(k+1) \leqq \tilde{Q}\,(k+1)\,. \tag{9.51}$$

In (9.49) ist $\tilde{Q}\,(k+1)$ eine Funktion von $K(k)$ und von $\tilde{Q}(k)$, wobei $\tilde{Q}(k)$ von $K(k_0)$, $K\,(k_0+1), \ldots, K\,(k-1)$ abhängt.

Da nun offensichtlich für ein gegebenes $K(k)$ die Variable $\tilde{Q}\,(k+1)$ eine monotone Funktion von $\tilde{Q}(k)$ ist, folgt aus $Q(k) \leqq \tilde{Q}(k)$ auch $Q\,(k+1) \leqq \leqq \tilde{Q}\,(k+1)$, wenn $Q\,(k+1)$ über (9.49) aus $Q(k)$ bestimmt wurde. Deshalb kann $\tilde{Q}\,(k+1)$ dadurch minimiert werden, daß zunächst $\tilde{Q}(k)$ bezüglich $K(k_0)$, $K\,(k_0+1), \ldots K\,(k-1)$ minimiert wird. Dieser minimale Wert $Q(k)$ wird dann in (9.49) eingesetzt und dann $\tilde{Q}\,(k+1)$ in bezug auf $K(k)$ minimiert. Hierdurch ist die Struktur eines rekursiven Algorithmus festgelegt.

Es sei nun die Kenntnis des minimalen Wertes $Q(k)$ von $\tilde{Q}(k)$ vorausgesetzt und in Gleichung (9.49) eingesetzt, die dann auf diese Form gebracht werden kann:

$$\begin{aligned}\tilde{Q}\,(k+1) = {} & [K-(AQC^T+V_{12})\,(V_2+CQC^T)^{-1}]\,(V_2+CQC^T) \\ & \times [K-(AQC^T+V_{12})\,(V_2+CQC^T)^{-1}]^T \\ & -(AQC^T+V_{12})\,(V_2+CQC^T)^{-1}\,(CQA^T+V_{12}^T) \\ & +AQA^T+V_1\,,\end{aligned} \tag{9.52}$$

wobei zur Abkürzung das Argument k auf der rechten Seite unterdrückt wurde. Ferner ist angenommen, daß der Ausdruck

$$V_2(k)+C(k)\,Q(k)\,C^T(k) \tag{9.53}$$

nicht singulär ist, was im Falle des nichtsingulären Beobachters mit $V_2 > 0$ immer gegeben ist. Aus der Gleichung (9.52) kann nun unmittelbar abgelesen werden, daß $\tilde{Q}\,(k+1)$ durch diese Wahl von $K(k)$ minimiert wird:

$$K^0(k) = [A(k)\,Q(k)\,C^T(k)+V_{12}(k)]\,[V_2(k)+C(k)\,Q(k)\,C^T(k)]^{-1}. \tag{9.54}$$

Der zugehörige minimale Wert von $\tilde{Q}\,(k+1)$ lautet dann:

$$\begin{aligned}Q\,(k+1) = {} & [A(k)-K^0(k)\,C(k)]\,Q(k)\,A^T(k) \\ & +V_1(k)-K^0(k)\,V_{12}^T(k)\end{aligned} \tag{9.55}$$

mit

$$Q(k_0) = Q_0\,. \tag{9.56}$$

Die Beziehungen (9.54) und (9.55) zusammen mit der Anfangsbedingung (9.56) erlauben uns, die Folge der optimalen Verstärkungsmatrizen $K^0(k)$ rekursiv zu berechnen. Wir fassen vorstehend besprochene Ergebnisse zusammen in:

Satz 9.6:

Die optimale Verstärkungsmatrix $\boldsymbol{K}^0(k)$, $k \geqq k_0$ für das nichtsinguläre optimale Beobachtungsproblem wird durch diese rekursiven Beziehungen bestimmt:

$$\boldsymbol{K}^0(k) = [\boldsymbol{A}(k)\, \boldsymbol{Q}(k)\, \boldsymbol{C}^T(k) + \boldsymbol{V}_{12}(k)]\, [\boldsymbol{V}_2(k) + \boldsymbol{C}(k)\, \boldsymbol{Q}(k)\, \boldsymbol{C}^T(k)]^{-1} \tag{9.57}$$

$$\boldsymbol{Q}\,(k+1) = [\boldsymbol{A}(k) - \boldsymbol{K}^0(k)\, \boldsymbol{C}(k)]\, \boldsymbol{Q}(k)\, \boldsymbol{A}^T(k) + \boldsymbol{V}_1(k) - \boldsymbol{K}^0(k)\, \boldsymbol{V}_{12}^T(k) \tag{9.58}$$

für $k \geqq k_0$ mit der Anfangsbedingung

$$\boldsymbol{Q}(k_0) = \boldsymbol{Q}_0 = E[\boldsymbol{x}_0 \boldsymbol{x}_0^T]\,. \tag{9.59}$$

Die Anfangsbedingung des Beobachters ist zu wählen zu:

$$\hat{\boldsymbol{x}}(k_0) = \boldsymbol{m}_x(k_0) = \bar{\boldsymbol{x}}_0\,. \tag{9.60}$$

Die Matrix $\boldsymbol{Q}(k)$ ist die Varianzmatrix des Beobachtungsfehlers $\tilde{\boldsymbol{x}}(k) = \boldsymbol{x}(k) - \hat{\boldsymbol{x}}(k)$. Für den optimalen Beobachter gilt für den mittleren quadratischen Beobachtungsfehler:

$$E[\tilde{\boldsymbol{x}}^T(k)\, \boldsymbol{W}(k)\, \tilde{\boldsymbol{x}}(k)] = \mathrm{sp}\, [\boldsymbol{Q}(k)\, \boldsymbol{W}(k)]\,. \tag{9.61}$$

Das vorstehend behandelte lineare optimale Beobachterproblem beinhaltet eine recht allgemeine Aufgabenstellung und ihre Lösung und ist in dieser Form als zeitdiskretes KALMAN-BUCY-Filter bekannt. Dabei kann gezeigt werden [ME], daß dieser optimale Beobachter für $\boldsymbol{x}\,(k+1)$ der Schätzer mit minimalem quadratischen Mittelwert bei gegebenen Daten $\boldsymbol{u}(k)$ und $\boldsymbol{y}(k)$ für $k = k_0, k_0+1, \ldots, k$ ist. Das heißt, es existiert kein linearer Operator, der einen kleineren mittleren quadratischen Rekonstruktionsfehler liefert. Sind darüber hinaus der Anfangszustand $\boldsymbol{x}(k_0)$ und die Störsignale $\mathrm{r}_1(k)$ und $\mathrm{r}_2(k)$ GAUSSverteilt, dann kann der lineare optimale Beobachter zur Erzielung der minimalen mittleren quadratischen Schätzung $\hat{\boldsymbol{x}}\,(k+1)$ aus $\boldsymbol{u}(k)$ und $\boldsymbol{y}(k)$ durch kein anderes System übertroffen werden.

Für zeitinvariante Systeme, bei denen hinreichend viel Beobachtungszeit (im Grenzfall geht die Schätzzeit gegen unendlich) zur Verfügung steht, geht das vorstehend beschriebene KALMAN-BUCY-Filter in das WIENER-Optimalfilter über, das in Abschnitt 8.8. behandelt wurde und das eine konstante Rückführmatrix hat. Für praktische Anwendungsfälle ist es dabei von Interesse, zu wissen, wie groß die Abweichungen sind, wenn das KALMAN-BUCY-Filter näherungsweise durch ein WIENER-Filter ersetzt wird. Die hiermit zusammenhängenden Fragen wurden in [MA] näher untersucht. Das folgende hieraus entnommene Beispiel zeigt einen typischen Fall.

Beispiel 9.2:
Für das System

$$\boldsymbol{x}(k+1)=\begin{bmatrix} 0{,}3 & 1 & 0{,}6 & 0 \\ 0{,}1 & 0 & -2{,}4 & 0 \\ -0{,}6 & 0 & 1{,}5 & 1 \\ 0{,}3 & 0 & -0{,}4 & 0 \end{bmatrix}\boldsymbol{x}(k)+\begin{bmatrix} 1 & 0 \\ 1 & 0 \\ 0 & 1 \\ 1 & 0 \end{bmatrix}\boldsymbol{u}(k)\,,$$

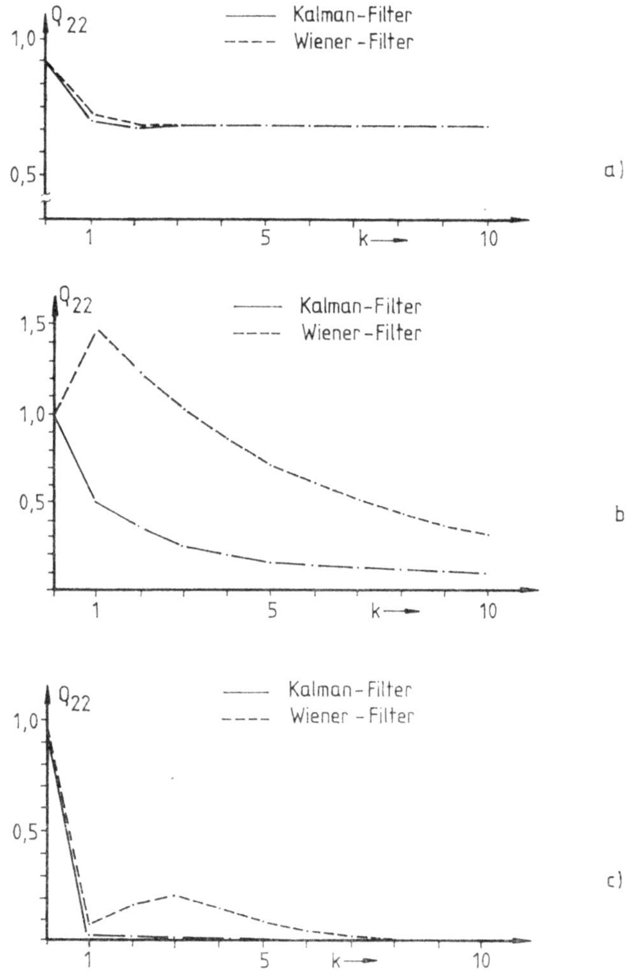

Bild 9.5. Verlauf der Varianz $Q_{22}(k)$ des Zustandes $x_2(k)$ für WIENER- und KALMAN-Filter
a) $\boldsymbol{V}_1=\boldsymbol{I}$; $\boldsymbol{V}_2=\boldsymbol{I}$, b) $\boldsymbol{V}_1=\boldsymbol{I}$; $\boldsymbol{V}_2=\boldsymbol{0}$, c) $\boldsymbol{V}_1=\boldsymbol{V}_2=\boldsymbol{0}$

$$\boldsymbol{y}(k) = \begin{bmatrix} 1 & 0 & 0 & 0 \\ 0 & 0 & 1 & 0 \end{bmatrix} \boldsymbol{x}(k),$$

$$\boldsymbol{Q}(o) = E[\boldsymbol{x}_0 \boldsymbol{x}_0^T] = \boldsymbol{I},$$

und für die in den Bildunterschriften angegebenen Varianzen wird in den Bildern 9.5a bis c der zeitliche Verlauf der Varianz Q_{22} des Schätzfehlers $\tilde{x}_2$ jeweils für WIENER- und KALMAN-BUCY-Filter gezeigt. Dabei ist zu erkennen, daß das KALMAN-Filter das WIENER-Filter nur in der Anfangszeit der Schätzung und nur für den Fall wesentlich übertrifft, bei dem nur System- aber kein Meßrauschen vorhanden ist.

9.6. Zustandsregelung bei nicht vollständig meßbarem Zustand

In den Abschnitten 5.4 und 5.5. (Einführungsband [SW 6]) sowie in Kapitel 6 wurden Syntheseverfahren für Regelungssysteme behandelt, die den Zugriff auf den vollständigen Zustandsvektor des zu regelnden Systems voraussetzen. Vorstehend wurde in diesem Kapitel dargelegt, daß unter den besprochenen Voraussetzungen der Zustand eines Systems aus den auf das System einwirkenden Stellgrößen und den meßbaren Ausgangssignalen, die eine Linearkombination des Systemzustandes beinhalten, geschätzt bzw. rekonstruiert werden kann. Diese beiden Problemkreise können für den Entwurf von Regelungssystemen kombiniert werden. Die so skizzierte Vorgehensweise ist auch als Separationsprinzip bekannt.

In diesem Abschnitt soll zunächst das Problem der linearen Zustandsregelung bei unvollständig meßbaren Zustandsgrößen diskutiert werden. Die zu regelnde Strecke sei beschrieben durch

$$\boldsymbol{x}(k+1) = \boldsymbol{A}(k)\,\boldsymbol{x}(k) + \boldsymbol{B}(k)\,\boldsymbol{u}(k)$$

$$\boldsymbol{y}(k) = \boldsymbol{C}(k)\,\boldsymbol{x}(k), \qquad k = k_0, k_0+1, \ldots \tag{9.62}$$

Ferner liege ein lineares Regelgesetz der Form

$$\boldsymbol{u}(k) = -\boldsymbol{K}_R(k)\,\boldsymbol{x}(k) \tag{9.63}$$

vor, wobei die Rückführmatrix des Reglers $\boldsymbol{K}_R(k)$ beispielsweise über Satz 6.2 bestimmt wurde. Der nicht vollständig meßbare Systemzustand werde über einen Beobachter rekonstruiert, der die Schätzwerte $\hat{\boldsymbol{x}}(k)$ liefert nach der Beziehung

$$\hat{\boldsymbol{x}}(k+1) = [\boldsymbol{A}(k) - \boldsymbol{K}_B(k)\,\boldsymbol{C}(k)]\,\hat{\boldsymbol{x}}(k) + \boldsymbol{B}(k)\,\boldsymbol{u}(k) + K_B(k)\,\boldsymbol{y}(k). \tag{9.64}$$

Wird in das Regelgesetz (9.63) anstelle des geforderten Zustandsvektors der aus (9.64) gewonnene Schätzvektor $\hat{\boldsymbol{x}}(k)$ eingesetzt

$$\boldsymbol{u}(k) = -\boldsymbol{K}_R(k)\,\hat{\boldsymbol{x}}(k)\,, \tag{9.65}$$

dann gilt für die Stabilität des Gesamtsystems:

Satz 9.7:
Für die asymptotische Stabilität der Regelstrecke (9.62) mit der Rückführung (9.65) und dem Beobachter (9.64) ist notwendig und hinreichend, daß sowohl die Regelstrecke (9.62) mit der Rückführung (9.63) als auch der Beobachter (9.64) für sich asymptotisch stabil sind.

Für den Beweis betrachten wir den Schätzfehler

$$\tilde{\boldsymbol{x}}(k) = \boldsymbol{x}(k) - \hat{\boldsymbol{x}}(k)\,, \tag{9.66}$$

der mit Satz 9.4 und Gl. (9.12) dieser Differenzengleichung genügt:

$$\tilde{\boldsymbol{x}}\,(k+1) = [\boldsymbol{A}(k) - \boldsymbol{K}_B(k)\,\boldsymbol{C}(k)]\,\tilde{\boldsymbol{x}}(k)\,. \tag{9.67}$$

Wird nun

$$\hat{\boldsymbol{x}}(k) = \boldsymbol{x}(k) - \tilde{\boldsymbol{x}}(k)$$

in (9.65) eingeführt, dann erhält hiermit (9.62) die Form:

$$\boldsymbol{x}\,(k+1) = [\boldsymbol{A}(k) - \boldsymbol{B}(k)\,\boldsymbol{K}_R(k)]\,\boldsymbol{x}(k) + \boldsymbol{B}(k)\,\boldsymbol{K}_R(k)\,\tilde{\boldsymbol{x}}(k)\,. \tag{9.68}$$

Damit ist Satz 9.7 bewiesen, denn wenn $\boldsymbol{K}_R(k)$ so beschaffen ist, daß das zustandsgeregelte System asymptotisch stabil ist, und da Satz 9.4 besagt, daß für asymptotisch stabile Beobachter der Beobachtungsfehler $\tilde{\boldsymbol{x}}$ mit zunehmender Zeit verschwindet, ist die Lösung der linearen Differenzengleichung (9.68) asymptotisch stabil.

Satz 9.8:
Für zeitinvariante Systeme mit konstanter Zustandsrückführung und zeitinvariantem Beobachter sind die Eigenwerte des Regelungssystems und die des Beobachters unabhängig voneinander und können beliebig gewählt werden.

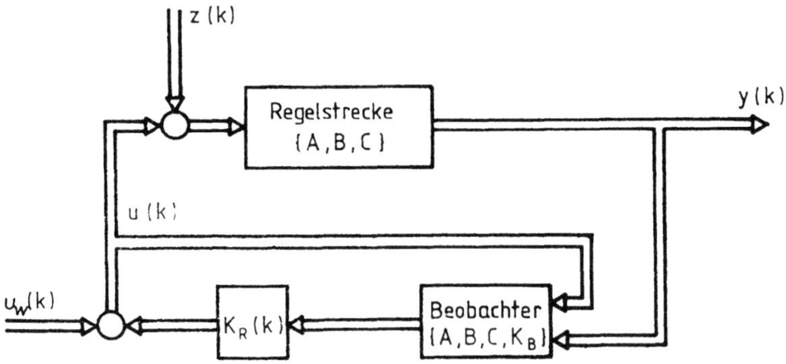

Bild 9.6. Zeitinvariantes Regelungssystem mit Zustandsregler $\boldsymbol{K}_R(k)$ mit zeitinvariantem Beobachter

Wir beweisen dieses Ergebnis hier nur für den vollständigen Beobachter der Ordnung n. Für das Regelungssystem mit Störgröße $\boldsymbol{z}(k)$ und Führungsgröße $\boldsymbol{u}_w(k)$ und den Beobachter in Bild 9.6 gelten diese Beziehungen

$$\boldsymbol{x}(k+1) = \boldsymbol{A}\boldsymbol{x}(k) + \boldsymbol{B}\,[\boldsymbol{u}(k) + \boldsymbol{z}(k)]\,, \tag{9.69}$$

$$\boldsymbol{y}(k) = \boldsymbol{C}\boldsymbol{x}(k)\,,$$

$$\boldsymbol{u}(k) = \boldsymbol{u}_w(k) - \boldsymbol{K}_R\hat{\boldsymbol{x}}(k)\,, \tag{9.70}$$

$$\hat{\boldsymbol{x}}(k) = \boldsymbol{A}\hat{\boldsymbol{x}}(k) + \boldsymbol{B}\boldsymbol{u}(k) + \boldsymbol{K}_B\,[\boldsymbol{y}(k) - \boldsymbol{C}\hat{\boldsymbol{x}}(k)]\,. \tag{9.71}$$

Das Gesamtsystem kann in dieser Form notiert werden:

$$\begin{bmatrix}\boldsymbol{x}(k+1)\\ \hat{\boldsymbol{x}}(k+1)\end{bmatrix} = \begin{bmatrix}\boldsymbol{A} & -\boldsymbol{B}\boldsymbol{K}_R\\ \boldsymbol{K}_B\boldsymbol{C} & \boldsymbol{A}-\boldsymbol{B}\boldsymbol{K}_R-\boldsymbol{K}_B\boldsymbol{C}\end{bmatrix}\begin{bmatrix}\boldsymbol{x}(k)\\ \hat{\boldsymbol{x}}(k)\end{bmatrix} + \begin{bmatrix}\boldsymbol{B}\\ \boldsymbol{B}\end{bmatrix}\boldsymbol{u}_w(k) + \begin{bmatrix}\boldsymbol{B}\\ 0\end{bmatrix}\boldsymbol{z}(k) \tag{9.72}$$

$$\boldsymbol{y}(k) = [\boldsymbol{C}\quad 0]\,[\boldsymbol{x}^T(k)\;\hat{\boldsymbol{x}}^T(k)]^T\,.$$

Wird in diese Beschreibung des Gesamtsystems der Schätzfehler $\tilde{\boldsymbol{x}}(k)$ mittels der linearen Transformation $\boldsymbol{T}$:

$$\begin{bmatrix}\boldsymbol{x}(k)\\ \tilde{\boldsymbol{x}}(k)\end{bmatrix} = \begin{bmatrix}\boldsymbol{I}_n & 0\\ \boldsymbol{I}_n & -\boldsymbol{I}_n\end{bmatrix}\begin{bmatrix}\boldsymbol{x}(k)\\ \hat{\boldsymbol{x}}(k)\end{bmatrix} = \boldsymbol{T}\begin{bmatrix}\boldsymbol{x}(k)\\ \hat{\boldsymbol{x}}(k)\end{bmatrix} \tag{9.73}$$

eingeführt, wobei hier $\boldsymbol{T} = \boldsymbol{T}^{-1}$ gilt, erhält man dieses Differenzengleichungssystem:

$$\begin{bmatrix}\boldsymbol{x}(k+1)\\ \tilde{\boldsymbol{x}}(k+1)\end{bmatrix} = \begin{bmatrix}\boldsymbol{A}-\boldsymbol{B}\boldsymbol{K}_R & \boldsymbol{B}\boldsymbol{K}_R\\ 0 & \boldsymbol{A}-\boldsymbol{K}_B\boldsymbol{C}\end{bmatrix}\begin{bmatrix}\boldsymbol{x}(k)\\ \tilde{\boldsymbol{x}}(k)\end{bmatrix} + \begin{bmatrix}\boldsymbol{B}\\ 0\end{bmatrix}\boldsymbol{u}_w + \begin{bmatrix}\boldsymbol{B}\\ \boldsymbol{B}\end{bmatrix}\boldsymbol{z}(k) \tag{9.74}$$

$$\boldsymbol{y}(k) = [\boldsymbol{C}\quad 0]\begin{bmatrix}\boldsymbol{x}(k)\\ \tilde{\boldsymbol{x}}(k)\end{bmatrix}.$$

Die charakteristische Gleichung dieses Systems (9.74) hat die Form

$$\begin{vmatrix}\boldsymbol{I}z-\boldsymbol{A}+\boldsymbol{B}\boldsymbol{K}_R & -\boldsymbol{B}\boldsymbol{K}_R\\ 0 & \boldsymbol{I}z-\boldsymbol{A}+\boldsymbol{K}_B\boldsymbol{C}\end{vmatrix} = \tag{9.75}$$

$$= |\boldsymbol{I}z-\boldsymbol{A}+\boldsymbol{B}\boldsymbol{K}_R| \cdot |\boldsymbol{I}z-\boldsymbol{A}+\boldsymbol{K}_B\boldsymbol{C}| = 0\,,$$

und es ist offensichtlich, daß die Eigenwerte des Systems mit der Zustandsrückkopplung $\boldsymbol{K}_R$ unabhängig von denen des Beobachters, die über $\boldsymbol{K}_B$ abhängen, festzulegen sind. Da die Eigenwerte eines Systems durch eine lineare Koordinatentransformation unverändert bleiben, ist damit Satz 9.8 bewiesen.

In Bild 9.6 und Gl. (9.70) war die Führungsgröße so eingeführt worden, daß sie sowohl auf die Regelstrecke als auch auf den Beobachter wirkt. Damit wird erreicht, daß diese Führungsgröße keinen zusätzlichen Schätzfehler im Beobachter bewirkt. Wird bei einer technischen Problemstellung die Führungsgröße bezüglich der Regelgröße $\boldsymbol{y}(k)$ definiert, wie z. B. in Bild 5.4c [SW 6] angedeutet, muß diese Führungsgröße $\boldsymbol{w}_y$ in eine äquivalente Führungsgröße $\boldsymbol{w}_x$ bezüglich des Zustandsvektors umgerechnet und schließlich hieraus die vorstehend benutzte zugehörige Stellgröße $\boldsymbol{u}_w$ bestimmt werden, wie es in Abschnitt 6.5 beschrieben wurde.

9.7. Optimale Regelung stochastisch gestörter Systeme

In Kapitel 6 war ausführlich das Problem der optimalen Regelung linearer zeitdiskreter Systeme behandelt worden. Dabei stand zunächst die Aufgabe der optimalen Überführung des Systemzustandes von einer Anfangsauslenkung $\boldsymbol{x}_0$ in den gewünschten Endzustand $\boldsymbol{x}(k_e)$ im Vordergrund. Daran schloß sich die Behandlung der Systeme mit deterministischen Störungen an.

Im folgenden wird nun kurz das Problem behandelt, bei dem das optimal zu regelnde System stochastisch gestört ist. Es zeigt sich, daß dieses Problem mittels des von Kalman [KK] entdeckten Separationsprinzips, das weiter unten erläutert wird, auf die bisher schon behandelten Aufgaben der linearen optimalen Regelung für deterministische Systeme und Signale und des Optimalfilters für stochastisch gestörte Systeme zurückgeführt werden kann.

Definition 9.5:

Gegeben ist das lineare zeitdiskrete System

$$\boldsymbol{x}(k+1)=\boldsymbol{A}(k)\,\boldsymbol{x}(k)+\boldsymbol{B}(k)\,\boldsymbol{u}(k)+\boldsymbol{r}(k) \qquad (9.76)$$

$$\boldsymbol{x}_0=\boldsymbol{x}(k_0), \qquad k=k_0, k_0+1, \ldots,$$

bei dem $\boldsymbol{r}(k)$ für $k=k_0, k_0+1, \ldots, k_e-1$ eine Folge unkorrelierter stochastischer Variablen mit verschwindendem Mittelwert und der Kovarianzmatrix

$$\boldsymbol{V}(k), \quad k=k_0, k_0+1, \ldots, k_e-1\,,$$

sei.

Die Regelgröße sei als Linearkombination des Systemzustandes darstellbar:

$$\boldsymbol{y}(k)=\boldsymbol{C}(k)\,\boldsymbol{x}(k)\,. \qquad (9.77)$$

Das Problem, das Gütefunktional

$$J = E\left\{\sum_{k=k_0}^{k_e-1} [\boldsymbol{y}^T(k+1)\, \boldsymbol{Q}_1(k+1)\, y(k+1) \right. \tag{9.78}$$

$$\left. + \boldsymbol{u}^T(k)\, \boldsymbol{R}(k)\, \boldsymbol{u}(k)] + \boldsymbol{x}^T(k_e)\, \boldsymbol{P}\boldsymbol{x}(k_e)\right\}$$

über das Intervall $[k_0, k_e]$ zu minimieren, wobei

$$\boldsymbol{Q}_1(k+1) > 0,\ \boldsymbol{R}(k) > 0 \quad \text{für} \quad k = k_0, k_0+1, \ldots, k_e - 1 \quad \text{und} \quad \boldsymbol{P} \geqq 0$$

ist, heißt das zeitdiskrete stochastische lineare Optimalreglerproblem. Sind sowohl die Systemmatrizen als auch die Bewertungsmatrizen des Gütekriteriums (9.78) konstant, handelt es sich um das zeitdiskrete zeitinvariante stochastische Optimalreglerproblem.

Analog zu der Vorgehensweise in Abschnitt 6.2 kann mittels der Methode der dynamischen Programmierung dieses Ergebnis abgeleitet werden [KU]:

Satz 9.9:

Das Gütefunktional (9.78) des zeitdiskreten stochastischen Optimalfilterproblems wird durch dieses Regelgesetz minimiert:

$$\boldsymbol{u}(k) = -\boldsymbol{K}(k)\, \boldsymbol{x}(k); \quad k = k_0, k_0+1, \ldots k_e - 1\,, \tag{9.79}$$

wobei die Folge der Rückführmatrizen bestimmt wird aus:

$$\boldsymbol{K}(k) = \{\boldsymbol{R}(k) + \boldsymbol{B}^T(k)\, [\boldsymbol{Q}\,(k+1) + \boldsymbol{P}\,(k+1]\, \boldsymbol{B}(k)\}^{-1}\, \boldsymbol{B}^T(k)$$

$$\times [\boldsymbol{Q}\,(k+1) + \boldsymbol{P}\,(k+1)]\, \boldsymbol{A}(k)\,. \tag{9.80}$$

Hierin ist $\boldsymbol{P}(k)$ die Lösung der Matrizendifferenzengleichung

$$\boldsymbol{P}(k) = \boldsymbol{A}^T(k)\, [\boldsymbol{Q}\,(k+1) + \boldsymbol{P}\,(k+1)]\, [\boldsymbol{A}(k) - \boldsymbol{B}(k)\, \boldsymbol{K}(k)] \tag{9.81}$$

$$k = k_0, k_0+1, \ldots, k_e - 1$$

und der Endbedingung:

$$\boldsymbol{P}(k_e) = \boldsymbol{P}\,. \tag{9.82}$$

Ferner ist

$$\boldsymbol{Q}(k) = \boldsymbol{C}^T(k)\, \boldsymbol{Q}_1(k)\, \boldsymbol{C}(k)\,. \tag{9.83}$$

Das Regelgesetz (9.79, 80, 81) liefert diesen Wert des Gütemaßes (9.78):

$$J^0 = \boldsymbol{x}_0^T \boldsymbol{P}(k_0)\, x_0 + \sum_{k=k_0+1}^{k_e} \operatorname{sp}\{\boldsymbol{V}\,(k-1)\, [\boldsymbol{P}(k) + \boldsymbol{Q}(k)]\}\,. \tag{9.84}$$

Vergleicht man dieses Ergebnis mit dem von Satz 6.2, ist zu erkennen, daß das Regelgesetz genau die gleiche Form hat und damit über die gleichen

Rechenroutinen zu bestımmen ist. Die beiden Sätze unterscheiden sich ausschließlich durch den minimalen Wert des Kostenfunktionals, der durch die optimale Regelung erreichbar ist. Dieser Wert ist im Falle des stochastischen Optimalreglerproblems um den zweiten Term in (9.84), der durch die Statistik des stochastischen Störsignals wesentlich bestimmt ist, größer.

Analog zu der Vorgehensweise bei dem linearen Optimalreglerproblem für deterministische Signale kann auch hier die stationäre Lösung untersucht werden. Läßt man eine beliebig lange Ausregelzeit zu, ist an Stelle von (9.78) dieses Gütemaß zu minimieren

$$J = \lim_{N\to\infty} \frac{1}{N} E\left\{\sum_{k=k_0}^{k_0+N-1} [\boldsymbol{y}^T(k+1)\,\boldsymbol{Q}_1(k+1)\,\boldsymbol{y}(k+1) + \boldsymbol{u}^T(k)\,\boldsymbol{R}(k)\,\boldsymbol{u}(k)]\right\}. \tag{9.85}$$

Für zeitinvariante Systeme vereinfacht sich dann das Funktional (9.85) [KU]

$$\boldsymbol{J} = \lim_{k_0\to-\infty} E\,\{\boldsymbol{y}^T(k+1)\,\boldsymbol{Q}_1\boldsymbol{y}(k+1) + \boldsymbol{u}^T(k)\,\boldsymbol{R}\boldsymbol{u}(k)\}\,, \tag{9.86}$$

was auf die konstante Zustandsrückführung gemäß Satz 6.3 führt, wobei aber an die Stelle von (6.28)

$$J^0 = \mathrm{sp}\,\{[\boldsymbol{Q} + \bar{\boldsymbol{P}}]\,\boldsymbol{V}\} \tag{9.87}$$

tritt, worin wie im deterministischen Fall $\bar{\boldsymbol{P}}$, die stationäre Lösung der Differenzengleichung (9.81) ist.

Wir behandeln nun abschließend das Problem der optimalen Regelung eines Systems nach Bild 9.7 mit stochastischer Störung $\boldsymbol{z}(k)$ am Eingang und Meßrauschen $\boldsymbol{r}(k)$ am Ausgang. Die Regelstrecke wird beschrieben durch die dynamische Systemgleichung

$$\begin{aligned} \boldsymbol{x}(k+1) &= \boldsymbol{A}(k)\,\boldsymbol{x}(k) + \boldsymbol{B}(k)\,[\boldsymbol{u}(k) + \boldsymbol{z}_1(k)] \\ &= \boldsymbol{A}(k)\,\boldsymbol{x}(k) + \boldsymbol{B}(k)\,\boldsymbol{u}(k) + \boldsymbol{z}(k) \\ \boldsymbol{x}_0 &= \boldsymbol{x}(k_0), \quad k = k_0, k_0+1, \ldots, \end{aligned} \tag{9.88a}$$

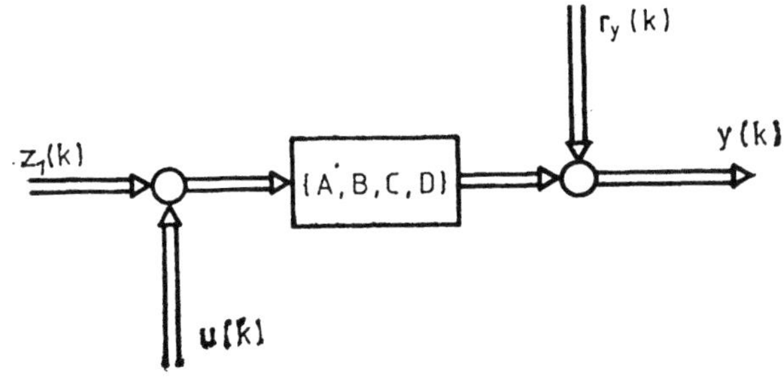

Bild 9.7. Blockschaltbild einer linearen Regelstrecke mit stochastischer Störung $z_1(k)$ am Eingang und Meßrauschen $r_y(k)$ am Ausgang

$$\boldsymbol{m}_x \quad = E[\boldsymbol{x}_0] = 0\,,$$
$$E[\boldsymbol{x}_0 \boldsymbol{x}_0^T] = \boldsymbol{Q}$$

mit der Beobachtungsgleichung

$$\boldsymbol{y}(k) = \boldsymbol{C}(k)\,\boldsymbol{x}(k) + \boldsymbol{D}(k)\,\boldsymbol{u}(k) + \boldsymbol{r}(k)\,. \tag{9.88 b}$$

Faßt man die Störsignale $\boldsymbol{z}(k)$ und $\boldsymbol{r}(k)$ zu einem Vektor zusammen, dann möge dieser eine Folge normalverteilter stochastischer Vektoren sein, die mit $\boldsymbol{x}_0$ unkorreliert sind. Ferner sei der Mittelwert ohne Einbuße an Allgemeingültigkeit zu Null angenommen[1]), so daß der Prozeß durch die Varianzmatrix

$$E\left\{\begin{bmatrix}\boldsymbol{z}(k)\\ \boldsymbol{r}(k)\end{bmatrix}[\boldsymbol{z}^T(k)\;\boldsymbol{r}^T(k)]\right\} = \begin{bmatrix}\boldsymbol{V}_1(k) & \boldsymbol{V}_{12}(k)\\ \boldsymbol{V}_{12}^T(k) & \boldsymbol{V}_2(k)\end{bmatrix},\; k \geqq k_0 \tag{9.89}$$

vollständig beschrieben ist.

Definition 9.6:

Das Problem, für das durch (9.87) und (9.88) beschriebene System eine Folge von Stellgrößen

$$\boldsymbol{u}(k) = \mathrm{f}(\boldsymbol{y}(k_0), \boldsymbol{y}\,(k_0+1), \ldots \boldsymbol{y}\,(k-1), k), \quad k_0 \leqq k \leqq k_e - 1 \tag{9.90}$$

derart zu finden, daß das Gütefunktional

$$J = E\left\{\sum_{k=k_0}^{k_e-1}[\boldsymbol{y}^T(k+1)\,\boldsymbol{Q}_1(k+1)\,\boldsymbol{y}\,(k+1) + \boldsymbol{u}^T(k)\,\boldsymbol{R}(k)\,\boldsymbol{u}(k)] \right. \tag{9.91}$$
$$\left. + \boldsymbol{x}^T(k_e)\,\boldsymbol{P}\boldsymbol{x}(k_e)\right\}$$

mit $\quad \boldsymbol{Q}_1(k+1) > 0 \quad$ und $\quad \boldsymbol{R}(k) > 0 \quad$ für $\quad k_0 \leqq k \leqq k_e - 1$

sowie $\boldsymbol{P} \geqq 0$ minimiert wird, heißt das stochastische zeitdiskrete Optimalregelungsproblem für nicht direkt meßbare Zustandsgrößen.

Analog zu den Optimalreglerproblemen für deterministische Anfangsauslenkung gilt auch hier das Separationsprinzip [KK, MN, ST, KU], das wir wie folgt zusammenfassen:

Satz 9.10:

Die Lösung des durch Definition 9.6 beschriebenen Problems besteht in der Bestimmung der Steuerfolge

$$\boldsymbol{u}(k) = -\boldsymbol{K}_R(k)\,\hat{\boldsymbol{x}}(k), \quad k_0 \leqq k \leqq k_e - 1\,, \tag{9.92}$$

[1]) Gegebenenfalls kann dies immer durch eine geeignete Koordinatentransformation erreicht werden.

worin $\boldsymbol{K}_R(k)$ die Folge der Verstärkungsmatrizen des deterministischen Optimalreglerproblems gemäß Satz 6. 2 ist. $\hat{\boldsymbol{x}}(k)$ ist die Schätzung von $\boldsymbol{x}(k)$ im Sinne des minimalen mittleren Fehlerquadrats aus Satz 9.5.

Bei praktischen Anwendungsproblemen wird normalerweise ein Sollwert $\boldsymbol{y}_K$ für die Regelgröße $\boldsymbol{y}(k)$ vorgegeben sein, der ungleich Null ist. Ferner können neben stochastischen Störgrößen auch zusätzlich noch konstante Störungen auftreten. In diesen Fällen sind dann auf der Basis des Überlagerungsprinzips der Problemlösungen für lineare Systeme und der Gültigkeit des Separationsprinzipes des Satzes 9.9 die in den vorstehenden Abschnitten behandelten Ergebnisse mit den in Abschnitt 6.5 dargestellten zu kombinieren.

Literaturverzeichnis

[AC 1] Ackermann, J.; Abtastsysteme. Berlin: Springer 1972

[AC 2] Ackermann, J.; Zeitoptimale Mehrfach-Abtastregelungssysteme. Proc. 1. IFAC Symp. Mehrgrößenregelungssysteme, Düsseldorf 1968 Bd. 1

[AS] Aström, K. J.; Introduction to Stochastic Control Theory. New York: Academic Press 1970

[BA] Barrett, J. F.; Construction of Wiener filters using the returndifferenz matrix. Int. J. Control **26** (1977) 797–803

[BE] Bellmann, R. E.; Dynamic Programming. Princeton: Princeton University Press 1957

[BI] Biermann, G. J.; Factorization Methods for Discrete Sequential Estimation. New York: Academic Press 1977

[BS] Brammer, K.; Siffling, G.; Kalman-Bucy-Filter. München: Oldenbourg 1975

[CA] Cadzow, J. A.; Discrete-Time Systems. Englewood Cliffs: Prentice-Hall 1973

[CM 1] Caines, P. E.; Mayne, D. Q.; On the discrete time matrix Riccati equation of optimal control. Int. J. of Control **12** (1970) 785–794

[CM 2] Caines, P. E.; Mayne, D. Q.; On the discrete time matrix Riccati equation of optimal control – A Correction. Int. J. of Control **14** (1971) 205–207

[FO] Föllinger, O.; Laplace- und Fouriertransformation. Berlin: Elitera 1977

[GA] Gantmacher, F. R.; Matrizenrechnung. Berlin: VEB Verlag der Wissenschaften 1958

[GN] Gnedenko, B.; Lehrbuch der Wahrscheinlichkeitsrechnung, Harri Deutsch und Akademie-Verlag, 1979 (1. Aufl. 1968)

[GR] Grübel, G.; Beobachter zur Reglersynthese. Habilitationsschrift Universität Bochum 1977

[IS] Isermann, R.; Digitale Regelsysteme. Berlin: Springer 1977

[KK] Kalman, R. E.; Koepcke, R. W.; Optimal Sythesis of Linear Sampling Control Systems Using Generalized Performance Indexes. Trans. ASME **80** (1958) 1820–1826

[KO] Kuo, B.; Discrete-Data Control Systems. Englewood Cliffs: Prentice-Hall 1970

[KS] Kwakernaak, H.; Sivan, R.; Linear Optimal Systems. New York: John Wiley 1972

[KU] Kuschner, H. J.; Introduction to stochastic control. New York: Holt, Rinchart and Winston 1971

[LE] Leonard, W.; Diskrete Regelsysteme. Mannheim: BI 1972

[LU] Luenberger, D. G.; Observers for Multivariable Systems. IEEE **AC 11**, (1966) Nr. 2, 190–197

[MA] Maier, U.; Über Theorie, Verhalten und Entwurf zeitdiskreter Zustandsschätzer für lineare zeitinvariante Systeme. Diss. TU Hannover 1974

[ME] Meditch, J. S.; Stochastic Optimal Linear Estimation and Control. New York: McGraw-Hill 1969

[MN] Mentz, K.; Die optimale Regelung einer Klasse nichtlinearer Systeme. Dissertation TU Hannover 1978

[MO] Morgenstern, D.; Einführung in die Wahrscheinlichkeitsrechnung und mathematische Statistik. Berlin: Springer 1964

[MÜ] Müller, P. H.; Wahrscheinlichkeitsrechnung mathematische Statistik (Lexikon), Akademie-Verlag und Wissenschaftliche Buchgesellschaft Darmstadt, 1975

[PA] Papoulis, A.; Probability, Random Variables and Stochastic Processes. New York: McGraw-Hill 1965

[SD] Schlitt, H.; Dittrich, F.; Statistische Methoden der Regelungstechnik. Mannheim: BI 1972

[SF] Schwarz, R. J.; Friedland, B.; Linear Systems. New York: McGraw-Hill 1965

[SH] Shannon, C. E.; Communication in the Presence of Noise. Proc. IRE **37** (1949) 10–21

[SL] Schlitt, H.; Stochastische Vorgänge in linearen und nichtlinearen Regelkreisen. Braunschweig: Vieweg 1968

[SM] Schneider, G.; Mikolcić, H.; Einführung in die Methode der dynamischen Programmierung. München: Oldenbourg 1972

[ST] Striebel, C.; Sufficient Statistics in the Optimum Control of Stochastic Systems. J. Math. Anal. Appl. **12** (1965) 576–592

[SU] Schüssler, H. W.; Digitale Systeme zur Signalverarbeitung. Berlin: Springer 1973

[SW 1] Schwarz, H.; Optimale Regelung linearer Systeme. Mannheim: BI 1976

[SW 2] Schwarz, H.; Frequenzgang und Wurzelortskurvenverfahren. Mannheim: BI 1976

[SW 3] Schwarz, H.; Mehrfachregelungen II. Berlin: Springer 1971

[SW 4] Schwarz, H.; Zum Äquivalenzprinzip für zeitdiskrete lineare Übertragungssysteme unter dem Einfluß stochastischer und deterministischer Signale. m–s–r **16** (1973) 51–56

[SW 5] Schwarz, H.; Einführung in die moderne Systemtheorie. Braunschweig: Vieweg 1969

[SW 6] Schwarz, H.; Zeitdiskrete Regelungssysteme, Einführung, Vieweg-Verlag und Akademie-Verlag, 1979

Sachregister

Eigenwert 23, 27

Berichtigungen zu „Zeitdiskrete Regelungssysteme – Einführung“

Seite 20 lies in Gl. (2.15): $\boldsymbol{y}(k) = \boldsymbol{C}(k)\,\boldsymbol{x}(k)$

Seite 25 lies in Zeile nach Gl. (2.40): Für den Fall des zeitinvarianten . . .

Seite 27 Gl. (2.46) statt $\boldsymbol{\Phi}^T\,(n-1,\,k_0)$ lies: $\boldsymbol{\Phi}^T\,(k_0+n-1,\,k_0)$

Seite 29 Gl. (2.50) statt $\boldsymbol{A}$ lies $\boldsymbol{A}_{GB}$
statt $\boldsymbol{x}$ lies $\boldsymbol{x}(k)$

Seite 34 Gl. (2.71 b) lies: $y(k) = \boldsymbol{c}^T\boldsymbol{x}(k)$

Seite 36 In Gl. (2.79a) statt: $-n_0 - n_1\; 0\; \ldots\; -n_{n-1}$
lies: $-n_0 - n_1 - n_2\; \ldots\; -n_{n-1}$

Seite 43 In Gl. (2.98) statt $< N_{ij}$ lies $\leqq N_{ij}$

Seite 49 Gl. (3.18) statt $\lim\limits_{k\to\infty} \sum\limits_{i=0}^{k-1} \dfrac{1-a^{kT}z^{-k}}{1-a^Tz^{-1}}$

lies $\lim\limits_{k\to\infty} \dfrac{1-a^{kT}z^{-k}}{1-a^Tz^{-1}}$

Seite 51 Gl. (3.24) lies: $\mathfrak{Z}\{f\,(k+1)\} = \ldots$
Gl. (3.25) lies: $\mathfrak{Z}\{f\,(k+1)\} = \ldots$

Seite 53 Gl. (3.40) lies: $\mathfrak{Z}\{f(ak)\} = \sum\limits_{k=0}^{\infty} f(ak)\,z^{-k} = \ldots$

Seite 55 2. Zeile im Beispiel 3.1 lies: $F(z) = \dfrac{4z^2-z}{z^2-0{,}7z+0{,}1}$
Gl. (3.52) statt b_1 lies b_1z

Seite 57 in Beispiel 3.2

statt $4 + \dfrac{1{,}8z-0{,}04}{z^2-0{,}7z+0{,}01}$ lies: $4 + \dfrac{1{,}8z-0{,}4}{z^2-0{,}7z+0{,}1}$

statt $F(z) = 4 + \dfrac{1{,}8z-0{,}04}{(z-0{,}5)\,(z-0{,}2)} = 4 + \dfrac{2{,}87}{z-0{,}5} - \dfrac{1{,}07}{z-0{,}2}$

lies $F(z) = 4 + \dfrac{1{,}8z-0{,}4}{(z-0{,}5)\,(z-0{,}2)} = 4 + \dfrac{1{,}67}{z-0{,}5} + \dfrac{0{,}13}{z-0{,}2}$

statt $f(k) = \begin{cases} 4 & \text{für} \quad k=0, \\ 2{,}87 \cdot (0{,}5)^{k-1} - 1{,}07 : (0{,}2)^{k-1} & \text{für} \quad k \geqq 1 \end{cases}$

lies: $f(k) = \begin{cases} 4 & \text{für} \quad k=0, \\ 1{,}67\,(0{,}5)^{k-1} + 0{,}13\,(0{,}2)^{k-1} & \text{für} \quad k \geqq 1 \end{cases}$

Seite 59 Gl. (3.70) statt $[\boldsymbol{I}z=\boldsymbol{A}]^{-1}$ lies $[\boldsymbol{I}z-\boldsymbol{A}]^{-1}$

Seite 69 Gl. (3.98) statt $n_0 z$ lies $n_1 z$

Seite 88 Gl. (4.40) statt $\sum_{i=0}^{\infty} \boldsymbol{c}^T e^{\tilde{A}kT} \tilde{b} z^{-k}$ lies $\sum_{i=0} c^T \boldsymbol{A}^{k-1} \tilde{b} z^{-k}$

Seite 92 Gl. (4.58) statt $y(z, \gamma)$ lies $Y(z, \gamma)$

Seite 93 Gl. (4.59) statt $\int_0^T$ lies $\int_0^{T+\gamma T}$

Gl. (4.60a) statt $\boldsymbol{b}$ lies $\tilde{\boldsymbol{b}}$

Gl. (4.60c) statt $\int_0^T$ lies $\int_0^{T+\gamma T}$

Seite 94 Gl. (4.61) lies $e^{sT}=z$

im Bild 4.12 statt $R=\sigma_1$ lies $R=e^{\sigma_1 T}$

Seite 100 Gl. (4.81) statt $G_{Tt}(t)$ lies $G_{Tt}(z)$

Seite 104 im Beispiel 5.1

statt $=1-e^{-\alpha T}$ lies $=\frac{1}{\alpha}(1-e^{-\alpha t})$ 9. Zeile von unten

statt $=1-e^{-\alpha kT}$ lies $=\frac{1}{\alpha}(1-e^{-\alpha kT})$ 6. Zeile von unten

statt $\{-\alpha, -1, +1\}$ lies $\{-\alpha, +1, +1\}$ 4. Zeile von unten

statt $\{e^{-\alpha T}, 1-e^{-\alpha T}, 1\}$ lies $\left\{e^{-\alpha T}, \frac{1}{\alpha}(1-e^{-\alpha T}), 1\right\}$ 2. Zeile von unten

Seite 105 statt $\tilde{g}(k)=e^{-\alpha T(k-1)}(1-e^{-\alpha T})=e^{-\alpha T(k-1)}-e^{-\alpha Tk}$

lies $g(k)=\frac{1}{\alpha} e^{-\alpha T(k-1)}(1-e^{-\alpha T})=\frac{1}{\alpha}(e^{-\alpha T(k-1)}-e^{-\alpha Tk})$

5. Zeile statt $z(k)$ lies $\tilde{z}(k)$

Seite 113 Gl. (5.22a) lies $K \frac{\prod_{l=1}^{m} |Z-Z_{Nl}|}{\prod_{j=1}^{n} |Z-Z_{p_j}|}=1$

Seite 118 in 4. Zeile nach Gl. (5.27)

statt $C(z)$ lies $G(z)$

Gl. (5.28) lies $u(k)=-\boldsymbol{k}^T \boldsymbol{x}_F(k)$

Seite 120 Gl. (5.39) lies: $\boldsymbol{t}_n = \boldsymbol{b}$

$$\boldsymbol{t}_{n-1} = \boldsymbol{A}\boldsymbol{t}_n + n_{n-1}\boldsymbol{t}_n$$
$$\boldsymbol{t}_{n-2} = \boldsymbol{A}\boldsymbol{t}_{n-1} + n_{n-2}\boldsymbol{t}_n$$
$$\cdots\cdots\cdots$$
$$\boldsymbol{t}_1 = \boldsymbol{A}\boldsymbol{t}_2 + n_1\boldsymbol{t}_n$$

Seite 122 Gl. (5.54) statt $\boldsymbol{p}$ lies: p_j

Seite 124 Gl. (5.60 b) statt $\boldsymbol{x}(0)$ lies: $\boldsymbol{x}(k)$

GPSR Compliance

The European Union's (EU) General Product Safety Regulation (GPSR) is a set of rules that requires consumer products to be safe and our obligations to ensure this.

If you have any concerns about our products, you can contact us on ProductSafety@springernature.com

In case Publisher is established outside the EU, the EU authorized representative is:

Springer Nature Customer Service Center GmbH
Europaplatz 3
69115 Heidelberg, Germany

Batch number: 10577919

Printed by Printforce, the Netherlands